高效掌控自己时间、情绪和生活的秘诀

自控力

别说你能管住自己

SELF-CONTROL

刘 希◎著

中国言实出版社

图书在版编目（CIP）数据

自控力：别说你能管住自己 / 刘希著 . —北京：
中国言实出版社，2015.8

ISBN 978-7-5171-1361-4

Ⅰ . ①自… Ⅱ . ①刘… Ⅲ . ①自我控制—通俗读物
Ⅳ . ① B842.6-49

中国版本图书馆 CIP 数据核字（2015）第 104234 号

责任编辑：王惠子

出版发行 中国言实出版社
　　地　　址：北京市朝阳区北苑路 180 号加利大厦 5 号楼 105 室
　　邮　　编：100101
　　编辑部：北京市西城区百万庄大街甲 16 号五层
　　邮　　编：100037
　　电　　话：64924853（总编室） 64924716（发行部）
　　网　　址：www.zgyscbs.cn
　　E-mail：zgyscbs@263.net
经　　销 新华书店
印　　刷 北京浩德印务有限公司
版　　次 2015 年 8 月第 1 版　2015 年 8 月第 1 次印刷
规　　格 710 毫米 ×1000 毫米　1/16　17.5 印张
字　　数 190 千字
定　　价 32.80 元　ISBN 978-7-5171-1361-4

前　言

2011 年，一部台湾电影在大陆突然火了。因为这部电影，我们认识了海峡对面的那位知名作家九把刀，认识了清新可人的"沈佳宜"和青春逼人的"柯景腾"。

无数年轻人在电影院里的银幕前欢笑、谈论或悲叹、流泪，只为这部电影中透出的那种青春的迷茫、青涩和稚嫩。当社会现实走近身边的时候，最终我们和电影中的主人公会发现同一个问题：许多美好，是我们错过并无法再获得的。

那么，为什么我们会错过那些美好呢？我经常深入地思考这个问题。

我们错过的，不仅有美好的爱情，还可能会错过下面这些东西：夺人眼目的业绩、丰富广阔的人脉；保证自由的财富、换取空间的升职；滋养身心的健康、愉悦自我的休闲……

够了！

不能不说，在这个快节奏而且现实到精确的社会中，我们从青春期开始，就一次次错过了许多自己想要的东西。

这其中，固然有客观的原因，比如：属于你的背景、属于你的资本、属于你的时间、属于你的运气等。然而，看看和你曾经有着同样境遇的朋友吧，难道他们也同样错过了那些美好吗？应该不尽然吧。

在我上大学的那个年代，寝室里最流行的娱乐项目不是DOTA，不是魔兽，也不是围在一起看各种电影，而是扑克牌。

有一个阶段，我深深地沉浸在这种游戏中不能自拔，同样如此的还有我们寝室的其他几个兄弟。除了必要的上课、吃饭和睡眠，我们几乎都趴在破旧的桌子上，享受扑克带来的刺激和乐趣。然而，寝室里的"老张"——虽然他不老——却始终表现得很有节制，他会在睡前玩上半个小时，或者在周末打个通宵。平心而论，老张打得不算优秀，但也具有相当不错的水平。重点是，每当老张要去自习室看书或者出去兼职上班的时候，谁也叫不动他。

不久后，我也感到自己状态的变化，发现自己不再是以前的自己，而是被"扑克"这种东西控制和绑架了。睁眼是扑克，闭眼还是扑克。因此我告诉自己，要学会反过来控制娱乐，而不是被娱乐控制。很快，我退出了这个扑克圈子，学会跟老张一样去按照日程做事。渐渐地，我发现自己喜欢上了这种状态——有序的、有安排的、充实的。

这种状态的获得，可能需要一个艰难的过程。比如，一开始的我非常不适应给自己排日程，但忍受着寝室同学的嘲笑和自己内心的怀疑，我坚持每天安排自己每个小时的活动内容，最终形成了习惯。再比如，经常在我打算去学习的时候，会传来"玩一把"的邀约，听起来诚恳而亲切，似乎有非凡的魔力要把我拉过去，但我坚持充耳不闻，如是往返，牌友们有了新的对象，也就不再密切关注于我。

当然，直到今天，我在朋友圈子里的扑克水平还是一流的。我开玩笑地说，这得益于我那段疯狂岁月的"练习"，但显然，只有我内心清楚，学会控制比学会扑克对人生来说更重要。

看看寝室几位兄弟的人生就知道了——

最擅长自我控制的老张，是典型的"凤凰男"。大学毕业后，他进入房产业，现在已经是一家大型房产企业的副总。许多人说老张是运气好，不过在我看来，他那种对自我控制的能力，足以支撑他去掌控自己的事业；而那几位始终没有意识到自我控制重要性的同学，除了父母家境优越的，都发展得不尽如人意：有的在国企当个普通的技术员，拿着微薄的工资；有的则在政府部门里守着冰冷的写字桌，打算一辈子到头拿个正科退休……

当然，我并非强调工作有高低贵贱。我想说的是，一个人是不是会控制自己、多早学会控制自己，将能够决定他的一生可以得到多少美好的体验——无论是电影让我们期待的美好爱情，还是更现实的人脉、事业、财富、名望和地位，以及保证这些的健康。

反过来说，如果你本来有这样的可能，只是因为缺乏自控力而错失了一切，会不会也产生电影中柯景腾的那种惆怅与遗憾呢？

这个问题值得每个人深思。也正是因为对自控力的长期关注与思考，才有了我写作本书的冲动。

在这本书中，我将首先带领读者认识什么是"自控力"，获得对它的第一印象，明确这种力量的价值，揭开它的神秘面纱。

接着，我们将一起从不同的方面，了解对自我进行控制的渠道，也就是获得自控力运行的方法和目标，这些渠道包括情绪上的、心理上的、思维上的、行为上的、注意力上的、潜意识上的、自我观点上的和习惯上的等八个方面。在这些方面，我将向读者们展示，自控力不仅仅是"意志品质"那么简单，更多的是一种复合的能量，一种受先天影响更受后天锻炼的气场，一种可以将你带入新鲜状态的原始推动力。

自控力是态度，选择自控，你就要学会选择如何重新看待自己和周围；自控力是决定，选择自控，你必须对自己的行为作出决断；自控力是精神，选择自控，你必须时刻提醒自己坚持应有的道路；自控力是方向，选择自控，你必须学会在混乱的局势中看清重点；不仅如此，自控力还是生命科学的运用。一个人自控力的高低，还牵涉其生理健康状态的保持和维护，关系到神经系统如何运作、潜意识如何发展养成和内心健康的程度。

正因为自控力如此复杂，所以，才更具有牵一发而动全身的特殊地位。正如伟大的俄罗斯作家陀思妥耶夫斯基所说："一个人想要征服全世界，首先要征服他自己。"

是的，没有自控力，乔布斯不可能在坐拥亿万财富之后，还能不断地带领苹果创造出更多的神奇产品；没有自控力，蒂姆·邓肯不可能在37岁的年龄，还能在 NBA 总决赛中砍下惊人的半场 25 分——很多他这个年龄的球星，早就选择退役享受生活了；没有自控力，就没有俞敏洪四年如一日地为同学打水，就很难出现新东方的神话；没有自控力，就没有任正非在华为公司中推行的那套严格的管理制度，更没有民族企业站到世界顶端的辉煌。自控力让杰出的能力变成伟大，伟大的能力将帮助你获得幸运和青睐；自控力让平凡的心灵变得坚强，坚强的心灵将支持你挑战重重阻碍。

相信你在打开本书之前，就能顿悟到拥有控制自我能力的可贵。那么，当你走过这段提升自我的旅程后，你将犹如从沉沉的睡梦中醒来，呼吸着新鲜的空气，继而发出欣喜的感叹：

学会自控的人生，真的很美好！

SELF-
CONTROL

目　录

01
管不住自己的人生会失控

所谓"管得住自己"，就是有足够的自制力推动自己做该做的事，并阻止自己做不该做的事。自制力可以使我们的心能足够理智地去抵御生活的种种诱惑，可以使迷茫中的我们正确地规划自己的人生，实现自己的奋斗目标，可以使我们的人生获取稳定前进的动力。如果不想庸碌一生，想要有一番作为，管住自己至关重要。

02

驾驭习惯，将命运握在手中

有个道理是大家耳熟能详的，那就是思想决定习惯，习惯决定命运。习惯与大脑的关系，类似于程序和电脑的关系，它会深深地嵌入我们的大脑，通过我们来自动执行。无论是我们如何遵循相同的路线去上班，还是我们已经不需要思考就能在饭店点出熟悉的菜式……这一切都来自习惯的影响。我们要学会审视自己的习惯，当我们通过自我控制来修正习惯，具有良好的习惯后，就会获得更好的命运。

03
管住自己，情绪自控尤为关键

我们每个人的心里都住着天使和魔鬼。坏情绪就是我们心里的魔鬼，一旦魔鬼失控将一发不可收拾。我们如果任由情绪肆意地发展而不加以控制或者及时反省，那么就会给自己或他人带来不便，甚至会惹出祸端。

自我情绪控制的能力，是决定我们为人处世能否获得成功的一个关键。有谁见过不能很好地控制自己情绪的人能够受人崇敬呢？我们要学会控制自己的情绪，而不要让情绪控制我们。能控制自己情绪的人，是情绪的主人；而被情绪操控的人，则是情绪的奴隶。

04

每天和内心的自己好好聊聊

我们经常说，我们的内心像另一个自己，其实这个自己有时候却像个不听话的小孩。他的不听话表现在羞涩、多疑、恐惧、无理取闹、无所适从……他基本具备全部的人性负能量。因此，我们需要像温度计精准地反映气温那样，把准他的脾气，每天和他好好沟通，让他好好调整，充满正能量。如果我们控制不了这个小孩，他就会反过来控制我们，因为他是我们的内心，是我们一切事业与成功的主宰。

05

站在人生舞台上，演好自己的角色

无论我们是否意识到，我们每天其实都是处在各种角色的变化中的，这是受主客观环境变化发展而带来的必然。不妨将人生看作不同角色组成的舞台，扮演好每一个角色，我们才能获得应有的幸福。但别忘了，想要适应这样的舞台，我们需要做的不仅仅是用力，还要用心适应、积极改善。只有这样，我们才能适应舞台的变化，并不断重新看待和改变自己的角色，学会理性客观地判断世界中的不同关系。

目录

06

锁住心力，抵御外界的干扰和诱惑

长江因锁定向东而波澜壮阔，青松因锁定向上而伟岸挺拔，珠峰因锁定卓越而傲视群山，流星因锁定精彩而亮彻长空，圣贤因锁定目标而成功卓越！世界上干扰和诱惑我们的东西实在是太多太多，而专注者明白：生命有限，能力有限。只要管住那颗不甘寂寞的心，像凸透镜一样把自己所有的心力和资源聚焦为一点，不成功都难。

07

没有思维的蜕变，何来自我管理

思维的过程，就是信息内容处理的过程，其中包含了对信息的接收、加工、储存和传递的过程。然而，并非每个人都拥有强大的思考力。想要获得这样的能力，我们必须能够按照正确方法，对思考的过程做出有效的控制，保证思考的依据和结果都能反映正确的信息。更重要的是，只有当我们获取了正确的思维能力之后，我们才能走上全面指引自身行动的道路，并获得最好的自控能力。

08

不付诸行动，自控只是一句空话

自控永远是动态的，而不是静止的。这意味着我们的自控将是自我和外界的交互行为，只有让行动体现自控，才能完整充分地表达自我。我们需要正确看待自己的行为习惯，寻找其中隐藏的本能。

一百个再牛的想法，都不如一个傻瓜的行动。通过坚持不懈的实践，当学会这些方法之后，我们将对自己的行为习惯做出更多审视，并积极进行相应的调整和改变。最终，我们将能够以正确的心态去影响和改变自己的行为，从而做到真正有效的自我管理。

01
管不住自己的人生会失控

所谓"管得住自己"，就是有足够的自制力推动自己去做该做的事，并阻止自己做不该做的事。自制力可以使我们的心能足够理智地抵御生活中的种种诱惑，可以使迷茫中的我们正确地规划自己的人生，实现自己的奋斗目标，可以使我们的人生获取稳定前进的动力。如果不想庸碌一生，想要有一番作为，管住自己至关重要。

是什么让我们管不住自己

为什么需要学会自控？

这个问题，很多人曾经问过。提起自控力，有不少人都会一脸不在乎地说："我为什么要控制自己呢？我现在不是过得很好嘛……"但问题是，我们怎么知道自己没被控制呢？设想一下这样的自己：

我们习惯了一回家就陷进沙发，打开电视，虽然里面的节目无聊而乏味，无论是大声吵闹的广告，还是雷人至极的电视剧，我们都会拿起遥控器从头调到尾。在接下来的几个小时里，我们忘记了打扫房间、草草地吃完谈不上健康的晚餐，然后等到了休息的时间才上床睡觉。只有这一刹那，我们才突然想到，今天晚上的时间全都虚度了。于是，我们告诉自己，明天不能这样看电视了，但第二天我们早已忘记并依旧如此。

原因何在呢？实际上，我们根本没有意识到，是电视而不是自己在控制我们的夜晚。

当然，这只是一个假设，我并不是教你反娱乐那套，然后回到穴居人类的时代，而是希望我们通过这样的假设明白，除了我们自己之外，任何事物都应该是被我们利用的工具，用来打造美好的人生，而不是将我们的人生献给它们。只有自控力可以帮助我们做到这一点。

自控力的缺失，成为许多人自我改善和发展的瓶颈。或许他们从词义上首先需要明确什么是自控力，就是对自我控制的力量。作为自我的主宰，我们有必要完全控制好自己。

具体地说，当我们重视自控力的时候，就能够正确及时地做那些应该做的事情，表现出应有的状态。否则，其他的力量——无论是坏习惯，还是他人，或者周围的环境——都会趁虚而入，直接对我们进行控制。

正因为如此，实际上，讨论自控力也能看作是如何保护自己的能力。不妨这样去想象：如果我们不把改变自己看作是对自己的战胜，而是看作对外部势力的驱赶，又会怎样呢？当我们面对强行进入内心的敌人，第一个本能的反应应该是击败它们，并遏制其连续反击，这样才能避免自我的逃避或者退缩。

即使是内心再软弱、控制力再差的人，也并非没有击败外部力量的能力，而是他们将自己的控制能力压抑了。于是，这种能量就不能在正确的途径上发挥，而是转化为其他负面的影响和控制。

设想一个很常见的例子：

当我们在电脑前写作明天要交给客户的报告时，屏幕右下角朋友的QQ 头像却在不断地闪动。我们本来想要关掉 QQ，但我们又怕错过了什么圈子的八卦，于是我们开始不断纠结，是去看那条消息，还是继续面对给客户的报告？我们内心本应用于牢固防守自我心智的控制力开始分散，一部分被用来维护写报告的注意力，另一部分用来抵抗朋友的消息。然而，这样的自我矛盾与斗争，已经让我们输了。

想想看，不论是团队，还是个体，有多少能经得起内部的分裂和斗争呢？我们都是普通人，没办法成为既是天才又是疯子、既是英雄又是小人的奇才，因此，当我们将控制力分散的同时，也将面对失败的结局。

这就是我们为什么要自我改变、自我控制的原因。

最好的控制，不是去费力地抵抗外界的因素，而是摆脱。摆脱那些错误的、不需要的、来自外界的控制，将自己完全地、和善地交给内心，这才是控制力的本质和真谛。

其实，从另一方面看，生命中的任何际遇、感受、冲动和欲望，只要它存在，就有其必然。承认这一点，我们就能明白：那些来自外部的力量，并不能改变我们的人生，而是为了让我们的生命更完整、更快乐。因此，当发现这些力量的存在是对我们正面影响时，我们应该做的是用平常心态去对待，并正确面对这些我们的内心可能不愿承认的力量。这样，我们就能化解其带来的冲击力，尝试着将它们变成我们的朋友。我们不会再被它们控制，因为这些力量已经被我们化解，而与我们平等对话、相互影响。

当我们吸收了外界的这些能量之后，通过自我引导，我们将获得更强大的内心，从而变得更完整。这样，改变的人生状态就会到来，我们将会感到从过去的烦恼中解脱出来，并因此感到平安喜乐的可贵。例如：在前面的那个假设案例中，我们总是控制不住自己去看右下角的消息。单纯的害怕，让我们不愿去看，我们想压制这种来自外界的力量，但我们的压制使这种力量变得更强，并很可能最终控制我们——我们可能会想："不管了，先跟朋友聊聊吧。"然后我们就不再写报告了。

正确的解决模式是怎样的呢？

先把这种来自外界的力量看作内心的"朋友"，去问问它，到底想要什么？它真的应该控制我们吗？

答案是否定的。当我们询问这位"朋友"的时候，它会告诉我们：我们需要和朋友交流、聊天，从中得到放松和慰藉，把我们从枯燥的报告和严肃的客户面前解脱出来。

这样，我们就能心平气和地看待这股力量，并尝试告诉它，我们的确需要这些，但我们现在需要的是集中精力做好报告、面对客户。等这些结束后，我们将会很好地休息，并同 QQ 好友分享这样的快乐。

当我们在内心这样告诉它后，有趣的事情就发生了。我们突然发现，这个"朋友"停止了对我们的"进攻"和"控制"，不再那样反对我们了。现在，我们已经完全被自己控制了。

自控力没有那种疯狂励志的表现，我们不需要站在镜子面前大声呼喊："我是最棒的！我可以控制好自己！我一定能做到！"

自控力不需要这样。自控力是一种对自我的正视，对内部和外部的包容，是宽和并蓄的力量。做到自控的基础，是尝试让自己不被任何负面力量控制。

认识到这一点，我们就会走上提升自我控制力的康庄大道。

自控就是反惯性，跟恶习彻底诀别

小赵是公司的财务人员，因为一次意外的疏忽，给公司造成了一些损失。最后，他被公司辞退了。

可想而知，小赵的情绪相当低落。他本想立即行动起来，去找朋友帮忙介绍一份自己能够胜任的工作。然而，由于内心的胆怯和害怕，小赵迟迟没有拨通朋友的电话。他害怕自己被朋友拒绝怎么办。于是，小赵整整一天都在犹豫不决，没有采取任何实际行动。

实际上，不愿意立刻行动，是小赵的老习惯了。

在周末休息的时候，小赵即使早上睡醒了，也不愿意去洗漱，而是无所事事地躺在床上玩手机、发发呆。他既不想出去逛逛，也不愿打扫房间或者读书学习。小赵对于这种状态早就习以为常了。

但是，自从失去工作之后，小赵突然发现，自己应该拥有全新的生活。正像书上所说的那样，小赵开始从简单的行动做起。他决定先不去找工作，而是调整自己的生活起居。

小赵开始认真地整理房间，把不用的废旧物品全部处理掉，将床铺、沙发和写字台擦洗得干干净净。等他完成这些任务后，整洁而舒适的房间呈现在面前，让他心中收获了一种久违的成就感和满足感。他开始感觉自己有能力迎接新的工作和生活。

很快，小赵就给自己的朋友打了电话，那位朋友正给一家公司寻找财务人员。于是，小赵找到了新的工作，他表现出来的工作能力和经验，很快就获得了上司的认可。

小赵为什么会有这样的转变呢？从表面上看来，他只是采取简单的行动弥补了自己情绪上的缺憾，提升了自信心，但是更深层的原因在于，小赵改变了自己的老习惯。

习惯是一个很奇妙的东西。我们经常会对生活和工作中的许多"大事件"感到更在意，因此忽视那些小习惯，因为这些小习惯看起来只会带来"小问题"。比如：开车的小习惯让火花塞每天磨损得多一点点、电脑的操作习惯会让它开机慢一点点、办公桌会因为你的习惯而显得比同事的乱一点点……这些"小问题"不会立刻使我们面对什么大麻烦，甚至经年累月也不会带来任何困扰。

然而，如果我们能像小赵一样，学会从小习惯做起，解决这些"小问题"，我们将会得到很大的鼓励。因为在我们不知道的情况下，这些小习惯引起的小问题总是不断给我们带来困扰，而解决这些小问题，就好像赶走了覆盖在我们人生画面里的那层模糊像素，让我们的思路变得更加清晰。我们会发现，"反惯性"的态度能让我们自我感觉更良好、更充满活力。

重要的是，当我们提高了自尊后，我们将不会重新回到拖延症、迟疑症等状态中了。因此，不要总是期待能得到重要的结果，解决重要的问题。先把那些大事放到一边，注意改变自己那些微不足道的习惯，使自己从惯性中摆脱出来，从点滴做起，比如：注意自己领带的细节、留心记住超市里货品的位置、安排好办公桌上文件的位置等，而不是一如既往地熟视无睹，任从习惯给自己带路。

良好的开始，意味着成功的一半。当一个人开始意识到必须对自己的某些惯性进行抵抗时，实际上他已经开始了解自控力的重要性了。

首先需要在一些细小的方面，对自己进行仔细的观察，并做出改变的承诺，同时在不同的细节方面遵守这些承诺。当承诺被完成后，我们会发现，自己有了越来越明显的变化。接下来，我们将对自己有更多的期待，我们相信自己能够执行更多的承诺。

其实，许多人都有这样的经验——当自己完成了值得做的事情时，会感到非常开心、兴奋，并拥有宁静。但问题是，许多不好的习惯会阻止我们去做到这些事情。

真正成功的人并非生来就应该获得多少财富，而是他们知道如何用自控力去获得"反惯性"的能力。

比尔·盖茨在事业上获得的巨大成功，与他的这种"反惯性"有很大的关系。在许多人看来，亿万富翁的"惯性"就应该是奢侈的生活、比常人更多地讲究、挥霍更多的财富、享受更多的物质。然而，比尔·盖茨却用自己在细小行动上的表现，战胜了这种控制过无数富豪的"惯性"。正如他在面对《花花公子》杂志采访时说的那样："如果你已经习惯了享受，你将不能再像普通人那样生活，而我希望过普通人的生活，我害怕享受。"

他是这样说的，也是这样做的。

比尔·盖茨从来都没有被财富的惯性控制。他见到熟人时，会和以前一样热情地招呼说："嘿，你好，让我们去吃个热狗吧。"

一次，比尔·盖茨和朋友去希尔顿饭店开会，那一次他们迟到了，因此没有多余的车位。朋友建议，将车停放在饭店的 VIP 车位上，但比尔·盖茨不同意，朋友以为是钱的问题，主动说自己来付钱，比尔·盖茨还是不愿意。原因很简单，比尔·盖茨并不认为 VIP 车位值得自己多付出 12 美元。他不愿意陷入大手大脚挥霍的"惯性"中。

在比尔·盖茨的行为准则中，永远都有对不良"惯性"的反对。比尔·盖茨和他的妻子梅琳达很少去一些豪华餐馆，除非因为工作。一般情况下，他们只是选择肯德基或者普通的小咖啡馆；比尔·盖茨喜欢逛打折商店，喜欢穿普通的衣服，那些衣服的价格甚至不到一些明星洗衣服的钱；比尔·盖茨甚至没有自己的司机，也从没有包过飞机私人旅行……

我们会为比尔·盖茨感到不值吗？错了。他有给自己的奖励，这种奖励就是普通人的生活。当然，最终对"反惯性"行为的强化，还是在我们的内心感受到了变化。

一百个想法不如一个有期限的决定

　　不少人都曾经告诉我这样的体验：虽然知道自己接下来应该做什么，但就是无法给自己一个明确的信号。因此，他们经常不清楚应该如何行动，而根源在于不清楚何时行动。在很多情况下，他们感觉自己好像是由两个人组成的——一个上司和一个下属，上司不知道如何下命令给下属，而下属也就逍遥自在了。但当问题出现时，他们责怪的并不是那个下属，而是内心的上司。他们会说："我就知道自己犹豫不决，别人都知道放手去做，我却根本没有自控力。"

　　如果你陷入这样的困境，我们的建议是，首先给自己设定一个做出决定的最迟时间，比如一个小时。

　　当我们在这段时间里还没有采取行动时，我们干脆就做出相反的决定。我们可以告诉自己："今天我不允许做这件事情了。"

　　哪怕我们真的做出了相反的决定，我们也会发现，自己得到了内心的解脱。更重要的是，我们发现，内心的那个下属又开始听上司的命令了。

　　理查德·布兰森，英国伊丽莎白女王册封的爵士。20世纪70年代，他只有一家电话亭大小的公司，而现在他的维珍公司经营从婚纱、化妆品、航空业务、铁路业务到唱片业务、手机业务、电子消费业务等一系列产品，其拥有的个人财富保守地估计也在30亿英镑之上。

　　想知道他是如何做决定的吗？

在他的自传中，他这样写道："在我的一生中，从事了多个职业，但我从来不是因为钱而去工作。我让自己在工作中发现乐趣，在乐趣中享受工作，钱也就自然而然来了。因此，我时常这样问自己，现在的工作是否有趣，是否能让我感到快乐。因为那是判断我是否偏离目标的唯一标准。如果感到不快乐，我会想，是什么原因让我不快乐。经过考虑，无法解决问题时我会暂停那个工作。"

这就是理查德·布兰森的决定力。他倾听自己的心声，寻找自己的感受，如果一旦需要改变方向，他并不强行迫使自己顺从，因为那实际上是在分裂自己的兴趣和实际的需要。与此相反，他将两者结合起来，这样人生的方向和现实的方向始终保持一致，自控力也就不会丢失。

韩斌从周一到周四都坚持在晚上复习大学英语，因为他很想跳槽到一家外企工作。到了周五，他很想去上网和朋友玩两三个小时的游戏，但是韩斌认为自己不应该浪费这段时间。他思考了一会儿，决定还是去复习英语。韩斌发现自己无法真正静下心来记住多少单词，每看十分钟书，他就抬头看看时钟移动的秒针，然后想："是不是应该去玩一玩呢？是玩游戏，还是复习呢？"最终，韩斌发现自己既没有复习好英语，也没有玩到游戏。

如果我们是韩斌，我们会怎样做呢？我建议，直接做出斩钉截铁的决定。

当我们决定玩两三个小时的游戏时，请告诉自己，在周六白天的哪个时间段补上这段复习计划。而如果我们决定继续复习英语，请帮助自己看到，复习英语是如何让我们感到充实和充满希望，这将大于玩游戏的成就感和乐趣。

现在明白了吧，很多时候，重要的并非我们做出怎样的选择和决定，而是我们以怎样的态度对待这样的决定。但是，对很多人来说，当他们面临可 A 可 B 的选择时，如果没有父母、老师、上司来"逼"着他们做出决定，如果没有朋友必须要分享他们决定的结果，他们甚至连决定都不去做了。

这种拒绝自我决定的逃避式方法，根本不是自我控制的做法，而是导致控制力丢失的原因。

从某种层面的意义来说，失去自控力，就是失去了自我做决定的积极性和准确性，甚至失去了做决定的能力。在很多情况下，我们根本意识不到，我们必须要选择一个选项，而不是"随便"的状态，或者是永远都对选项保持怀疑的状态。

同样重要的是，我们在做出决定之后，应该用怎样的态度来对待这个决定。我们应该看到这个决定积极的一面，而不是过多地担心其消极的一面。

最近方小姐在坚持节食减肥，她已经有一个月没有碰高热量的垃圾食品了。但是，周日的中午，她想在看最新的韩剧时吃上一包美味的薯片。如果放在以前，她会不断地在吃还是不吃的想法之间摇摆，然后不管是否吃掉薯片都会自责，并会陷入减肥已经失败的罪恶感中。

然而，今天她突然做出了决定：给自己一包薯片，就当吃掉这些薯片是对自己坚持减肥一个月的褒奖。

于是，方小姐慢慢地享用了这包薯片，一点也没有担心自己的决定是错误的。从第二天开始，她忘记了薯片这回事，她的减肥计划正常进行，因为她从自己的决定中看到的是正面的意义。

和方小姐一样，当我们做出一个无伤大雅的决定之后，不要因为自己内心的谴责而怀疑这个决定。这样做是相当危险的，因为这会导致我们始终在小路上行走，无法回到控制自我的大路上。

聪明的做法应该是：告诉自己，我们选择的决定带来了哪些好处，对我们的长期计划有什么帮助，这样决定就是计划的一部分，就是自控力的一部分，而不是对自我的背叛。无论如何，请给自己下达命令并加以执行，让自己看到自己的决定，我们会发现，一切都不会轻易失控，一切都会顺理成章、按部就班。

调整好自我状态，打一场提升自控力的持久战

前些日子，一位高中同学在闲聊时谈到，其所在的公司规模较小，自己的能力得不到充分地展示。因此，春节之后，他通过应聘顺利地进入了一家规模比较大的中外合资公司，心里的兴奋劲儿不由言表。

但是进入新公司不久，他感觉心里有一种说不出来的滋味。原来，新公司里的人际关系不是很融洽，让他感到无所适从，心情十分压抑。原来那家小公司，同事之间非常和谐，下班后大家经常三五人相邀，一起吃饭或者参加集体活动，谁有困难大家都齐心协力主动帮忙。但是新公司却完全不同，同事之间除了在电梯里额头差不多相碰时不得不打个招呼外，大多数时候都是各行其事，下班走人，一天下来几乎没跟一个人说过话。同学的心里是一百个不爽。他说，有时候真后悔当初自己选择了这家公司，但我们都说"好马不吃回头草"，实在没有更好的办法了。

像这种情况，可能不少人都会碰到。人世间，幸福与痛苦就像一对孪生姊妹，冷漠与温暖并存，关键是要学会如何调整自己的状态，积极面对现实。

为什么要调整状态呢？

大家知道，状态的决定因素就是心态。俗话说："心态决定一切。"好的心态是一切成功的基础，离开了良好的心态将会一事无成！

有一位哲人说得好，当我们无法改变环境时，那就好好地适应它，

使其为我们所用。既然我们无法改变人情淡漠的工作环境，那就不要为此烦恼，冷静下来，慢慢地调整自己的心态吧！学会调整自己的心态，最重要的一点就是要有自控力，做一个有自控能力的人非常关键！

所谓自制力，就是一个人控制个人思想感情和举止行为的能力。人与动物的根本区别，就在于人是有思想的，因而人可以按照一定的目的理智地控制自己的感情和行为，而不是随意处置和反复无常。但是现在有不少人缺少的就是这种自制力，他们无端地放任自己，甚至不由自主、随波逐流。

在人生的路上，自制力是我们顺利通过悬崖峭壁的安全屏障，失去自制力将会使我们在欲望的泥沼中无法自拔。

有位哲人说过，一个人的命运就在他的性格中。一个人的一生能否有作为、是否成功、是否幸福，起决定作用的因素往往是性格，而不是智力。

据说有个名叫罗纳德三世的贵族，曾是正统公爵。他的弟弟与其政见不合，结果把他推翻了。他的弟弟既想摆脱这位公爵，又实在不忍心杀死他。他对公爵毫无自控力的情况了如指掌，便想了一个很实用的办法。为了监禁他，弟弟命人把牢房的门改得比以前窄了一些。

罗纳德三世本来就身高体胖，胖得根本就出不了牢门。但弟弟还是做出了承诺，只要罗纳德三世能成功减肥，并能自己走出牢门，就答应让他重获自由，甚至也能恢复原来的爵位。可惜的是，罗纳德三世无法抵挡弟弟每天派人送来的美食佳肴的诱惑，结果不但没有减肥，反而更胖了。

我们不难看出，一个没有自制力的人就像被关在铁栅栏里的囚犯，永远不能走出牢笼。任何一个优秀的人都明白：如果没有自制力，就永远不可能走向成功，实现理想。

我国古代著名的思想家孟子曾说："天将降大任于斯人也，必先苦其心志，劳其筋骨，饿其体肤，空乏其身，行拂乱其所为，所以动心忍性，增益其所不能。"讲的就是磨练意志，增强自控力的重要性。传记作家、教育家托马斯·赫克斯利曾说："教育最有价值的成果，就是培养了自制力，不管是否喜欢，只要需要就去做。"

自制力对我们能否走向成功是非常关键的。从古代百科全书式的科学家亚里士多德，到近代的哲学家们都郑重强调：美好的人生需建立在自我控制的基础上。

培根曾经说过"知识就是力量"，他还说过一句话："一分克制，就是十分力量。"由此可见，自制力之重要！

自制力同其他任何事物一样都是一个矛盾体，其中一方是感情，另一方是理智。

再看两个例子：

一位成功学的著名学者拿破仑·希尔曾对美国各监狱的 16 万名成年犯人做过一项调查研究，发现这些遭天谴的男女犯人之所以沦落到牢狱中，有 90% 的人是因为缺乏必要的自制能力。自制力不强，不但给他人、家庭和社会带去了伤害，而且自己也受到了应有的惩罚，受到了法律的制裁。

小王是某师范学院中文系的学生，自从买了电脑后便迷上了网络游戏。由于长期缺少跟班里同学的正常交流，他感觉自己无法融入集体，得不到集体的温暖，因此越感觉空虚，就越来迷恋网络，以致整天不去上课，就连任课老师都不知道班里竟然还有个小王。一个学期下来，他的 7 门功课有 5 门需要补考。根据校规，他受到了应有的惩罚，最后只能追悔莫及。由于小王的自制力极差，导致了他在学业上的失败。

这两个作为因自制力差造成恶果的例子，非常具有代表性。

对人们来说，自制力极其重要，如果一个人的自制力不强，那么他的成就一定是非常有限的。研究人员通过一面单面镜观察孩子们的举动，他们在等待期间的行为总会使观察者捧腹大笑，有些孩子经受住了15分钟的考验，他们能成功地把注意力从诱人的奖励上移开。

10年或再长的时间之后，其中那些忍住了诱惑和没忍住诱惑的孩子之间会出现相当大的差别。忍住了诱惑的孩子在认知事物，尤其是高效地重新分配注意力方面的控制力要强许多。当他们年轻时，染上毒品的几率更小。智力水平的巨大差别也随之出现：在4岁时表现出更强的自我控制能力的孩子在智力测验中得到了高得多的分数。

认识到自控力的重要性，积极调整好心态，以极大的热情投入火热的生活，我们的生活将快乐无比。

保持傻瓜式的坚持，直到跨过临界点

有一位登山运动员，为了到山顶上欣赏奇观，他不畏艰险长途跋涉。快到山顶时，因为前面的一块大石头挡住了他的视线，那仅有一步之遥的奇观竟成了一道难以逾越的障碍。他不知道前方还有多远，他的体力已经严重透支，他心存的信念一点点地消失，最后他倒在了那块大石头前面。因为没有坚持，最终他无缘得见那美丽的奇观；也许他再坚持一下，绕过那块石头，他一直努力追寻的、梦寐以求的景色将尽收眼底了。正是这个临界点将他挡在了成功的门外。

在现实生活中，我们也是如此。我们看不到自己的终点在哪里，所以觉得坚持没有意义，改变不了现实，因此放弃自认为无用的改变。事实上，在某些成功故事发生之前，通常有许多人做过类似的尝试，但都因为缺少耐心而过早地放弃了。只有少数人坚持了下来，而且坚持得越久成功的希望就越大，最终到达目的地。耐力所创造的改变是无法估量的，所谓滴水穿石，冰冻三尺非一日之寒，说的都是这个道理。"行百里者半九十"，古人的训诫大家都记得，但其中的深刻意义又有几个人能真正体会到呢？

说到底，为什么成功者总是少数？那是因为绝大部分人没有坚持到临界点，即使离成功只有一步之遥，他们也放弃了。因此，当我们遭遇困难和挫折时，在我们感觉天要塌下来时、实在撑不下去时，不妨再挺一挺，再坚持坚持，再想想办法，寻求一些帮助。跨过生命的临界点，我们的毅力和耐力就得到了考验，我们的阅历和智慧就得到丰富，我们的人生将从此改变，否极泰来，从失败走向成功，我们就完成了最完美的飞越！

美国著名心理学家威廉·詹姆士这样评说临界点："如果你被一种不寻常的需要推动时，那么奇迹将会发生。疲惫达到极限点时，或许是逐渐地，或许是突然间，你突破了这个极限点，你就会找到全新的自我！此时，你的力量显然到达了一个新的层次，这是经验的不断积累、不断丰富的过程。直到有一天，你突然发现自己竟然拥有了不可思议的力量，并感觉到难以言表的轻松。"

想必我们都有过爬山的经历。你有没有那种体会，在爬山的过程中，有一段时间我们几乎要坚持不下来了，脸色苍白，气喘吁吁，浑身无力，我们几乎要放弃山上那道绝美的风景。而在此时如果我们坚持下去，我们会觉得那种要命的感觉慢慢消失了，随之而来的是气定神闲，一身轻松，那种游玩的乐趣油然而生。

跑步的感觉也是如此。快要到终点的时候，我们的双腿几乎迈不动了，两只脚就像踩在棉花上一样，眼前一阵一阵地发黑，快要晕过去一般。但是再坚持下去，那种沉重感就会渐渐散去，接着我们几乎是惯性般地跑到了终点，浑身舒畅，轻松自如。

那个最难受、让我们痛不欲生的过程就是临界点，是一个人体力、能力的极限，坚持过去，我们便会进入一种新的境界，不再害怕所面对的更艰难的挑战，并且在迎接挑战的过程中得到一种乐趣、一种成就感和一份自信。

世界上的事情都是很容易开始的，但很难有圆满的结局。因为圆满意味着必须走完全程，意味着必须历经千难万险，意味着遍体鳞伤也决不放弃，意味着受尽伤害依然心地善良，意味着在到达临界点的时候咬紧牙关继续迈着疲累的双腿向前奔跑，直到最后肉体和精神为了同一个目标合二为一。

因此，很多人在工作和生活中都非常浮躁。他们眼高手低、好高骛远，那些琐碎的工作看不上，重任又担不起，没有勇气和耐力，任何一点儿考验对他们来说都如临大敌，一点儿艰难险阻都可以使他们溃不成军。

从心理上来说，他们正是缺少跨越临界点的承受力。任何一个成就大事的人，都必须具有超凡的勇气和耐力，认真地把每件小事做好做完，才能够驾驭和成就一件大事、一个梦想。无论我们打算做一个亿万富翁还是要当一个小老板，首先必须要做的就是每天把我们要做的每一项工作的每一个细节都认真努力地做好做到完美，这样才有望成功，否则再宏伟的目标都只是幻想。

其次，要实现梦想，跨越成功的临界点，还需要经受住更多的考验，因此在黎明到来之前，我们必须忍受最黑暗的那一刻。当我们畏惧退缩的时候，我们会倒退回原点，并且为此吃尽失败的苦头：我们会懦弱，会胆怯，会自卑，会自甘堕落和贫穷，一蹶不振，命运的脚步也至此停止不前。

意识到这一点后，当我们在工作和生活中感觉已经筋疲力尽快要倒下的时候，一定要再撑一会儿，胜利者往往是能比别人多坚持一分钟的人。这个坚持就是提升自我的过程，比如：积累知识、丰富经验、增加阅历、专业技能的提高等，这样我们才能安稳地渡过难关，跨过事业的临界点，顺利到达成功的终点。

纵观那些成功人士，我们不难发现，他们并不比我们聪明，比如世界首富比尔·盖茨，他的财富是我们财富的无数倍，但他的智力就是我们的无数倍吗？答案是否定的。即使我们承认他比我们聪明，但智力水平也不会相差得那么遥远，唯一的区别就是别人比我们多了一种傻瓜式的坚持。现实的社会就是如此具有戏剧性，精明的人看到长久的坚持没有回报就放弃了，而傻傻坚持的人因为坚持跨过了临界点就成功了。

持续自我评估，找到实现人生最大价值的舞台

古希腊的特尔斐神庙上镂刻着名言"认识你自己"，而且"认识你自己"也是西方哲学的开篇问题，可见我们非常重视认识自己。

自我评估就是认识自己最好的过程和手段。

什么是自我评估？持续对自我评估与自制力有什么关系呢？自我评估就是对自身的科学客观的认识，从最根本的层面发现自身的能力与需求。

可能有些人会不假思索地说，不少人即使没有什么自我评估不是也一样生活和成长吗？诚然，没有科学的规划我们还是可以生活、工作、恋爱，也会不断地成熟。

事实上，如果我们能够对自己做出清楚正确的评估，也许我们会找到更好的人生舞台，更好地完善自己，取得更大的成就。客观来讲，自我评估将会决定我们一生的发展，而不仅仅是简单的一段时间。可以说，自我评估既是一个自我认识的过程，又是一个将自身与未来发展相结合的思考过程。个人未来的发展是一个长期的过程，它需要我们在工作中磨练自己、积累经验、摸索道路，而正确的自我评估是这一切的有力保证。

古语有："知人者智，自知者明。"常人都有这样的通病，以为对自己都有足够的了解，许多错误的抉择都是由于对自己认识不清造成的。持续自我评估就是要通过对以往成长经历的反省，检视自己的价值。譬如，我们在求职前，需要了解自己的能力大小，明确自己的优势和劣势

是什么，切实根据过去的经验选择、推断未来可能的工作方向，从而为自己设计出合理且现实的职业发展方向，准确解决"我能干什么"的问题。

无论是工作事业，还是人生的诸多方面，都需要持续地对自己进行评估，真正认清自己，实现人生的最大价值。在自控能力上，概莫能外。在自控能力上如何进行自我评估，以下经验值得学习：

1.向偶像学习，化远大的目标为近期目标

有时候长远的目标对我们当前的行动所起的作用不大，这时候就需要我们确立近期的目标，最好还有短期目标，也就是说化整为零，逐步实现。比如：我们今天早晨体育锻炼要跑多远，运动多长时间；作业在什么时间内一定要完成，绝不拖延；这篇文章我们什么时候一定要背完、默写；今天一定不能进游戏室，不踢足球等。利用这些短期目标时刻端正自己的行为，鞭策自己、激励自己，这样长期下去，久而久之我们的自制力就会自然而然地增强了。

设立目标，设法实现目标是我们培养自制力的重要途径。另外，我们还可以确立自己的偶像，以其为榜样，时刻调整自己的行动和思想。偶像既可以是革命先烈、民族英雄、科学家、文学家、运动家，也可以是商业精英、优秀的同学等。我们以偶像为榜样时刻激励自己，对调整自己的思想能起到比较好的作用。

2.掌控自己的思想，不可让其随心所欲

每个人的具体活动都是以思想作为先导，活动受到我们思想的控制。但是，思想是构建在我们肢体之上的，它必须起源于我们的身体。在思想控制活动之前，我们就一定要先对其进行正确的引导或者控制。我们要控制思想，不能让其毫无限制，使其受自己的控制，就要知道自己想做什么、能做什么、该做什么。

要完全掌控自己的思想不是一件容易的事情。在工作活动的过程中，我们原本为自己定下的准则因为环境因素会时不时地受到影响，这时我们就要时刻检查自己的行为、思考自己的得失，时刻把握思想的控制权。比如：有的人正在学习，见有同学去踢球，就立刻不能控制自己，也想去踢球，虽然内心挣扎过、斗争过，但很快被自己找的各种理由打破了；有的人虽然知道连续上网时间太长对身体不好，但还是抵不过网络对自己的诱惑。

3. 充分剖析自我，不被表象蒙蔽

大家知道当今社会中，激烈的竞争充满了生活的各个角落。虽然我们无时无刻不面临着对手的挑战，对手也时时刻刻都在给予我们以压力，但真正的敌人是我们自己——我们自己往往成为影响发展、成功的最大的绊脚石。

认识自我，就是对自己的性格、长处、短处、理想、价值观、兴趣、爱好、心理状态、身体状态、家庭背景、社会地位、交际圈、长期或短期的目标、最想做的事情、自己的苦恼等方面进行综合评估。当我们仔细思考之后就会发现，原来我们一直被自己麻痹着，一直被自己欺骗着。

4. 不要以为总有时间，请马上行动

关于珍惜时间，大家对一句古训一定耳熟能详："明日复明日，明日何其多，我生待明日，万事成蹉跎。"这句古语告诫我们要珍惜时光，我们的生命是有限的。如果我们能活 100 岁，也就是 36500 天，一般人能用在学习和事业上的时间恐怕不会超过 60 年，细算起来大概也就 2 万天。每过一天，我们的生命就消耗了一天；每荒废一天，我们就少了许多成功的机会。

要想增强自制力，想使自己的自制力不被击退、击溃，我们就必须着眼于今天、着眼于现在。不管什么事情，今天应该完成的，就一

定要努力在今天千方百计地去完成，需要改正的，就一定要在今天修改、完善。只有这样掌控自己生命中的每一天，我们的自制力才能一天天地增强。

02
驾驭习惯，将命运握在手中

有个道理是大家耳熟能详的，那就是思想决定习惯，习惯决定命运。习惯与大脑的关系，类似于程序和电脑的关系，它会深深地嵌入我们的大脑，通过我们来自动执行。无论是我们如何遵循相同的路线去上班，还是我们已经不需要思考就能在饭店点出熟悉的菜式……这一切都来自习惯的影响。我们要学会审视自己的习惯，当我们通过自我控制来修正习惯，具有良好的习惯后，就会获得更好的命运。

看好坏习惯，小心关键时刻绊倒你

有个坏习惯很多的小伙子一直没有得到爱神的青睐。有一次，他的朋友热心地给他介绍了一个女生。在他出门之前，他的朋友一再叮嘱他："你一定要收敛自己的坏习惯。第一，你下车后要替你女朋友开门；第二，你女朋友要入座时，你应在她椅子后帮她拉椅子；第三，她说话时你要温柔地看着她；第四，她需要什么东西，你一定要抢先做好，不要让她动手。如果这些都能做到，那十之八九就能成功得到她的芳心。"

第二天，朋友打电话问他昨晚如何，他沮丧地说："我没有希望了！"

朋友问他："你是不是忘了替她开车门？"

"不，她替我开的！"

"你是不是忘了帮她入座？"

"我没有那个习惯！"

"你是不是在她说话的时候东张西望？"

"不，我在打瞌睡！"

"那你有没有动手帮他做什么事情呢？"

"我帮她打翻了她手里的饮料杯。"

朋友无语了。

这个小伙子平时养成的坏习惯就像一种潜在的危害，使他毫无知觉地沉溺其中，渐渐变得麻木了，久而久之他的大好前程就被坏习惯葬送了。

先哲有云："少成若天性，习惯如自然。"一个最高尚的人也可能因坏习惯而变得愚昧无知，粗野无礼。坏习惯给我们的生活带来了不便，坏习惯阻碍了我们前进的脚步。为了不让坏习惯左右我们的未来，从今天起不要再忽视坏习惯对我们的影响了。

人类有一个明显的弱点，就是对明显的危害我们总是能竭尽全力去对付、去避免，而对那些潜在的危害却往往感觉迟钝、重视不足，最终铸成难以弥补的大错与大憾。我们从小逐渐养成的一些坏习惯，就是一种潜在的危害。

我们深知这样的道理：播下一个行动，收获一种习惯；播下一种习惯，收获一种性格；播下一种性格，收获一种命运。坏习惯是一生的拖累，它引导你从成功走向失败，将可撷取的成功果实化成东流水。

培根在《论习惯》中告诫我们："人的思考取决于动机，语言取决于学问和知识，而他们的行动，则多半取决于习惯。"习惯的养成，好似通过不断地重复，细绳变成粗绳，再变成绳索。每一次我们重复相同的行为，就会增加并强化它，绳索又变成缆绳，再变成链子，最终就成了根深蒂固的习惯，把我们的思想与行为缠得死死的。

习惯是一柄双刃剑。优秀是一种习惯，平庸甚至卑劣也是一种习惯；好习惯是人生进步的阶梯，坏习惯则是前进路上的绊脚石。要拥有成功与幸福的人生，就要努力培养好习惯，不断战胜坏习惯。

在现实生活中，经常有这种真实的事情。有的人从不吃鱼，从不吃虾，因为懒得挑刺、懒得剥壳，无论是谁对他说过鱼虾的营养丰富，但宁死他也不碰一下，当然更不想闻到它们的味道。有的人一辈子都是到一家商店买东西，到一个地方去理发，不管这座城市增加了多少大型的百货商店和美容美发中心，因为这些对他来说都是没有必要的。还有的人不管是去一览众山小的泰山，还是到如诗如画的桂林，要做的第一件事就是找三个人坐下来玩牌，他不停地旅游只不过是想给打牌游戏换一换背景。

我们习惯了一条路，习惯了一间屋，习惯了一张床，习惯了一种生活方式。在不知不觉中，我们已经成了习惯的奴隶，不愿意改变，不愿意做自己不习惯的事，譬如：有的人要是离开长期生活的故乡去另一个地方，就会感觉非常不适应。

影响我们成败的关键，不是拥有多少知识、财富、好的人际关系和背景，而是我们有没有建立一套良好的习惯。习惯的确是一种顽强而巨大的力量，它可以主宰人生。人人都有惯性思维，爱用习惯的方式思考，善用习惯的行为方式处事，久而久之我们就形成了根深蒂固的惯性思维。

想想惯性思维在我们的生活中最具体的表现是什么？举个最简单的例子，睡觉要占用我们生命三分之一的时间，这就是我们人类的生活习惯，还有上学、读书、工作、交友、休闲等方面，我们的行为都以习惯行为为主。当然，养成良好的习惯必将推动我们快速成长的进程，但是不好的习惯将使我们获取健康美满人生的脚步变慢。好习惯是开启成功的一把钥匙，坏习惯则是向失败敞开的门。

英国诗人德莱敦说："首先我们养成习惯，随后习惯养成了我们。我们的行动，多半取决于习惯。一切天性和诺言，都不如习惯有力，即使是我们赌咒、发誓、打包票，都没有多大用。"

有人对 148 名杰出青年的童年做过研究，发现良好习惯与健康人格是他们成为杰出青年的重要原因。坏习惯往往伴随我们的一生，而我们却不自知。自卑、懒惰、自私常常是坏习惯的座上客，是导致半途而废的主要原因，也是成事的大敌。

仔细想想，我们了解自己吗？我们能掌握或者控制自己吗？如果我们对失败习以为常，我们将易于接受失败的习惯感情，这种感情色彩将在我们所做的一切事情中留下烙印；同样地，如果我们能建立起一个成功的模式，我们就能激起胜利的感情色彩。从这个意义上说，改变我们的习惯也就改变了我们命运的走向。

经常可以看到同一个班级、同一个老师教出来的学生，不仅是学习成绩差得远，而且走出校门以后生活的境况更是有天壤之别。我们不难发现，在学习和生活中有良好习惯的人，以后应该更容易成功。为什么会有这样的差别呢？因为习惯引导了我们的行为方式，我们的行为方式又决定了我们用什么样的方式对待工作和生活。

由此可见，一个好的习惯使人终生受益，而一个坏的习惯使人终生受害！也许可以这样说，其实成功的事业是好习惯的必然结果，而失败的事业和人生是坏习惯导致的恶果。

巴尔扎克有一句话使听者自危："要断送一个人，只消叫他染上不良嗜好。"坏习惯对我们的巨大危害全包涵在这句话里。如果我们不能改变坏习惯，那么终其一生也很难有任何作为。

管住那些最容易被忽视的习惯动作

在生活中，不少人都会有一些不经意的习惯动作，更有甚者有一些神经质的表现。这些不经意的习惯动作往往会影响我们正常的交往活动，管住这些小动作，我们的生活将充满阳光、丰富多彩。这些不注意的小动作和一些神经质的表现往往会给我们带来不必要的麻烦，我们一定要注意克服，形成好习惯，受用一生。

当心手部动作泄露了内心密码

都说"眼睛是心灵的窗户"，但能够透露我们所思所想的不仅仅是眼睛，还有我们的手。我们手部的小动作欺骗性很小，就像一面镜子把我们的心思照了个底儿朝天。关注我们的手部动作，了解其中蕴含的意义，我们的生活将会更精彩。

1. 交谈时，忌手掌托腮

第一，手托腮时，如果食指和中指紧贴脸颊，说明他正在对别人的发言进行深刻的思考。第二，注视别人时切忌托腮，这样往往会让别人认为我们要评判他们，给人一种既不愉快又不情愿的感觉。第三，如果手腕处托着下巴，则说明这个人对会议或发言人不太重视，简直就是漠不关心或者毫无兴趣可言。

2. 忌说话时不时地用手抚弄嘴巴

第一，忌说话时不时地用手遮住嘴巴。这种人心性比较懦弱、比较内向和拘谨，无法与一般人分享其内心的秘密。如果有些女人喜欢用手背遮住嘴，表明她对眼前的人比较认同，有好感；倘若是男人经常做这个动作，则表明他有点"娘娘腔"。第二，忌说话时手指放在两唇之间。这说明他在一边仔细思考一边说话，而不是口无遮拦，信口雌黄。

3. 忌说话时搓手掌

第一，搓手掌反映出的心理秘密是对某些事物抱有期待或期望，而且这种期待或期望常常是饱含自信的。第二，搓手掌的另一层含义是紧张不安，如那些初次登台演讲的人、初次见面的恋人，他们常常是紧张不安、不知所措，也常会搓搓手掌。

4. 忌说话时手在头上、脸上摸

第一，有些人说话时不停地用手摸鼻子，这说明他可能正在撒谎。因为人在撒谎时鼻部组织往往会因充血而膨胀变大，所以说谎者会因为鼻子自然而然的发痒而不断触摸。第二，一般人正常每小时至少摸一次眼睛。如果一个人说话时不停地用手摸眼睛，往往是感到很疲乏，或者是不同意对方的观点和看法，急于发表自己的意见。第三，说话时喜欢抓头发或者摸耳朵的人，一般说明他的心思是超级细腻的，甚至可以说有些敏感，别人认为是芝麻大的小事，在他看来就是举足轻重的大事。

5. 忌手乱抓、乱放

第一，在与人交谈中绝不要时不时地去揪衣服上的线头，低头去拨弄更是要不得。这样做表明，我们不认同对方的观点，或者感觉不自在，不愿意表达自己的真实想法，会使对方感觉不被尊重，引起别人的反感。第二，手放在脑后或屁股上，往往是给人妄自尊大的信号，只有和亲密的朋友在一起时才可以，在领导和客人面前不能这样。另外，我们在进行质疑和不确定时，也会做出这个小动作。还有人认为这是一种说谎的表现，一定要戒除这个小动作。

6. 忌手持东西放在身体的正前方，可以放在身体一边

生活中有不少人手持东西放在身体的正前方，比如喝咖啡时、拎手提包等。正是这个小动作反映出我们害羞和抵触的心理——试图躲在什么东西后面，总想把自己和别人隔离开来，不愿与他人融为一体。

7. 忌不时地看表或者随意摆弄指甲

不时地看表或者随意摆弄指甲，就是强烈的厌烦信号。在与人交谈的过程中切忌反复看时间，也不要随意摆弄指甲，以免引起他人的误解，甚至导致不必要的麻烦。

眼部小动作里有大乾坤

1. 忌别人在场时低头向下看

这样做一般表明对别人的做法漠不关心、置之不理，有时甚至会被理解为傲慢，不可一世。记住：要抬起头，直视对方，给对方以尊重之感。

2. 忌皱眉眯眼

这往往表明我们不喜欢对方或者对方的观点，脸上立刻会流露出怨怒的表情。轻微地眯眼也是出于本性的一种表达愤怒的方式，还有人认为眯眼表明正在思考。人们往往会在交谈中犯下眯眼皱眉的错误。

3. 忌眨眼频率太快

这往往是心情焦虑的清晰表现，因为大部分人都会运用眼神进行交流，对方会看得非常清楚，所以在紧张的时候要提醒自己眨眼频率不要太快。

身体小动作里有大文章

1. 忌和知心朋友一起时身体后倾

面对喜欢的人，我们都是身体前倾，以示愿意接近他、亲近他；面对不喜欢的人我们习惯向后倾，以示远离和孤立。如果和知心朋友在一起，身体向后倾，那么我们就把错误的信息传递出去了，造成不必要的猜测。

2. 忌与对方站得太近

与对方站得太近，往往会让人感觉不太舒服，被认为是没有礼貌的表现。公关专家一般把周身约 4 平方英尺（0.37 平方米）的空间当作私人空间。除非是闺蜜挚友，否则不要轻易跨入这个私人空间。

3. 忌不直面交谈对象

侧向或背向交流对象，这在一定程度上表明自己不舒服或者对对方不感兴趣。在交谈中直面对方，这样做能让对方感觉我们对他说的话很感兴趣，非常尊重他。

笑容、神情表达要真诚

1. 忌摆出一副无精打采的样子

毫不夸张地说，我们的站姿就代表了我们的素质和心态，与我们将会得到的待遇紧密相关。双脚始终保持适当的间距，收肩、挺胸、抬头，直视着问候对方，握手坚定有力，定会收到较好的效果。切忌在他人面前表现出一副无精打采的极为懒散的样子。

2. 忌皮笑肉不笑

真诚的笑容是皱起眼角，然后带动整个面部表情，但是伪装出来的笑容只是表现在嘴角和嘴唇上。皮笑肉不笑，让人感觉非常不真诚，产生远离之感。

真诚的笑容一般具有三个区域的典型特征：

一是眼睛周围的具体表现是眉形平顺，少有皱眉和扭曲之形；上下眼睑之间有闭合动作，并且笑容越是饱满，眼睑的闭合程度就越大，成年人的眼角通常会出现比较明显的鱼尾纹。

二是脸颊随之隆起饱满，皮肤富有光泽。

三是嘴角向耳朵两侧的方向自然展开，上唇自然提升，上齿露出，下唇弧线连贯圆滑，可能露出少量下齿，也可能不露出。

与饱满的真诚笑容的形态特征相比，明显的假笑则是以上三个部位的形态改变程度不协调、不匹配。皮笑肉不笑只有嘴部的动作，丝毫没有眼睛部分的参与，这样的笑容看起来就没有诚意。

当心肢体小动作暴露你的内心

1. 忌耷拉着肩膀

这种动作一般被认为是没有自信的表现，我们往往把挺胸抬头和强烈的自信密切联系在一起。把肩膀向后收，不仅看起来非常自信，而且自己也会感觉更有精神。

2. 忌坐在椅子的边缘上

这样的动作直接透露出我们的心理或身体的不适和不爽。记住：要把屁股牢牢地贴在座位上，如果需要身体前倾，切忌挪动屁股，动动后背就行了。

3. 忌不停地交换支撑脚

这种动作表明你的心情不悦或者身体不舒服。

一个手指的动作、一个不经意的眼神、自然流露的笑容和表情，以及我们的肢体语言都会泄露我们内心的秘密，会出卖自己的缺点，从而使我们陷入人际交往的被动局面。小动作虽小，但一叶知秋，因此平时一定要引起重视，改掉这些小动作，不断完善自己。

今天想什么，决定明天你能做什么

我们生活在一个凡事必须要做出选择的时代，选择学校、选择工作、选择伴侣、选择心态；选择热情而非冷漠，选择快乐而非忧伤，选择成长而非落伍，选择开放而非保守……不管面对多少选择，我们只能有两种选择：一个是正向的，一个是负向的，用当下最流行的词汇来表达就是："正能量"与"负能量"。

我们的选择是正能量的，自然会得到我们理想中的结果，反之，则是我们难以接受的。其实，我们的整个人生就是一个不断选择的过程。面对人生的无数个岔路口，我们都要做出选择。选择比努力更重要，因为选择决定着人生的方向，引导着未来的发展，一旦选择出现错误，更多的努力只会引起更大的偏离。

什么样的选择决定什么样的生活。今天的生活是由之前我们的选择决定的，而今天我们的抉择将决定我们以后的生活。而所谓选择，又是由我们的思想决定，所以，有什么样的思想就有什么样的行动，这里的思想指的就是我们的想法。正确的想法当然会指导我们积极地行动，形成良好的习惯；错误的想法会给我们带来坏习惯，从而给个人、团队甚至集体带来危害。当心我们的想法，积极培养好习惯，我们的人生才能更加精彩。

有一个大家早已耳熟能详的故事。说的是有三个人要被关进监狱三年，监狱长答应他们三个人每人一个要求。美国人爱抽雪茄，要了三箱雪茄；法国人最浪漫，要一个美丽的女子相伴；犹太人则要了一部与外界沟通的电话。

三年后，第一个冲出来的是美国人，嘴里鼻孔里塞满了雪茄，大喊道："给我火，给我火！"原来他忘了要火了。接着出来的是法国人，只见他手里抱着一个小孩，美丽女子手里牵着一个小孩子，肚子里还怀着第三个。最后出来的是犹太人，他紧紧握住监狱长的手说："这三年来我每天与外界联系，我的生意不但没有停顿，反而增长了200%，为了表示感谢，我送你一辆劳斯莱斯！"

小心我们的不良想法，要以积极的心态，正确面对生活，勇于挑战自我，努力实现我们的理想！好的思想和想法决定好的习惯，如果是那些坏习惯阻碍了我们的成长，就一定要狠下心来改掉它们。伟人富兰克林在这方面是我们的榜样。

富兰克林有一个非常好的习惯，每天晚上都把一天的情形重新梳理一遍。一天，他发现自己有十三个很严重的错误，最严重的三项：随意浪费时间，为小事端滋生烦恼，容易和别人争论冲突。聪明的富兰克林认为，只有改正这些错误，否则会一事无成。所以，他制定好自己的计划，一个星期与一项缺点进行搏斗，然后再把每天的输赢都做好记录。

富兰克林坚持每个星期改掉一个坏习惯的战斗整整持续了两年多。正是由于他严谨的态度，勇于克服坏习惯的决心与毅力，成为了美国历史上最受人敬爱也最具影响力的人物之一。

大家都知道，改掉坏习惯的确有难度，但不是不能改变。只有好习惯代替了坏习惯，坏习惯才能彻底改掉。那么，怎样用好习惯代替坏习惯呢？

1. 坚持才能产生神奇的效果

尽量把培养习惯中的所有因素，包括正面的、反面的都要考虑周全，使习惯培养的过程保持一致。比如：锻炼身体绝不能只在一个月内锻炼几次，而要天天坚持才行，坚持在相同的时间里尽量做相同的运动量。

2. 告诉一位知心朋友，让他随时提醒我们

把我们的计划告诉一位知心朋友，请他随时监督、提醒，像闹钟一样在我们想重蹈坏习惯时把我们拉回正确的轨道。

3. 试着补偿自己所丧失的东西

无论习惯的好坏，我们的每一个习惯都是迎合生活或心理需求的。如果我们突然改变其中的一个坏习惯，我们就会丧失以前某些坏习惯所带来的某种意义上的好处，所以要将这些好处想方设法地融入新的好习惯中。

4. 积极发现好习惯的优点并把习惯写下来

让自己清楚地了解新习惯改变会带来的好处和优点，积极培养好习惯。丘吉尔说过："纸上谈兵是没用的，只有开始行动才有用。"要把实行计划会得到的好处和希望达到的目标统统写下来，并逐步付诸实施。

5. 循序渐进，知难而进

改变不要急于求成，必须从小处着手。改变一个习惯，一方面是考验我们意志力的强弱，另一方面也是考验我们的耐心和策略。绝不要妄想在一天内改变我们所有的饮食习惯、锻炼方式或者思考模式。我们要把培养习惯当作一次有益的尝试，而非一场心理斗争。如果第一次没能成功，我们要知难而进继续调整，再试一次，直至成功。

6. 学会用"但是"转向阳光的一面

每当我们开始陷入低沉时，就可以使用"但是"来改变我们的想法。比如你可以说："虽然我对这件事一窍不通，但是，我要尝试一下，说不定可以把它做得尽善尽美。"

7. 习惯的养成至少需要坚持一个月。

时间太短，则不能根植到我们的大脑中，只有坚持较长一段时间才能形成稳定的习惯，否则坚持不下来就很容易半途而废了。

掌控自己的心态，事不如意时习惯积极思考

有一位年轻的女士陪伴丈夫驻扎在一个沙漠的陆军基地里。丈夫奉命到沙漠里去演习，她一个人留在陆军的小铁皮房子里，天气热得受不了，身边只有墨西哥人和印第安人，而他们不会说英语，她没有人可以聊天。她非常难过，于是写信给父母，说要丢开一切回家去。她父亲的回信只有两行，这两行字却永远印在她的心中，完全改变了她的生活。信中这样写道："两个人从牢中的铁窗望出去：一个看到泥土，一个却看到了星星。"

这位女士反复读着这封信，觉得非常惭愧。她决定要在沙漠中找到星星。她开始和当地人交朋友，他们的反应使她非常惊奇，她对他们的纺织、陶器表示兴趣，他们就把最喜欢但舍不得卖给观光客人的纺织品和陶器送给了她。这位女士研究那些引人入迷的仙人掌和各种沙漠植物，又学习有关土拨鼠的知识。她观看沙漠日落，寻找到的海螺壳是几万年前、这沙漠还是海洋时留下来的……原来难以忍受的环境变成了令人兴奋、流连忘返的奇景。

沙漠没有改变，印第安人也没有改变，但是女士的想法改变了，心态改变了。一念之差，使她把原先认为恶劣的情况变成了一生中最有意义的冒险。她为发现新世界而兴奋不已，并为此写了一本书，书出版后引起了轰动——她从自己造的牢房里看出去，终于看到了星星。

同样地，生活中的很多事情，换个不同的角度去看，得出的评价结果是不一样的。本是一件高兴的事，从某个角度看发现它潜在着巨大的危害；而本是一件悲伤的事，换个角度却发现它正在向好的方向发展。站在不同的角度看风景，映入我们眼中的景色也完全不一样。

从不同角度看世界，世界就给你不一样的风景

给你展示一幅画，乍一看画中是一位少女，等你过一会儿再看此画，画中的人物变成了老者。类似这样神奇的图画在网上有很多，就是让我们学会如何换方向、换角度来看它，不同的角度看到的图画一定是不同的。

有"汽车之父"美誉的福特汽车公司的创立者亨利·福特，曾经提出过著名的"半杯水"理论，一个杯子里装着一半水，同样面对这半杯水，悲观的人担忧地说："半杯水被喝掉了，杯子空了一半。"而乐观的人却说："别担心，杯子里还有一半水呢。"亨利·福特指着这半杯水说："和你们不同，我看到杯子容量是水的两倍。这样的话，用一个小杯子来装这半杯水，而这个被腾空的大杯子又可以再装满了。"

的确，面对同样的问题，不同的心境、不同的思想高度、不同的思维模式都会得出截然不同的认定。重要的是，这种认定将会影响我们做事的态度，影响我们未来的发展。

如果我们用这种方式，换个角度、换个方式去反观我们的失败、我们的糟糕处境、我们的怀才不遇，我们会得出另一种结论：我们看到的不是自己的可怜和可叹，而是自己切实需要改进的地方。而到这里，我们已经成功一半了，我们需要做的就是用积极的心态和理性的思维去提升自己。

每个人都是半杯水，不同的是每个人都有自己对半杯水的看法和理

解。如果我们是一个聪明人，我们应该学会如何百分百地利用自己拥有的一切，包括挫折。

身处困境时，换个角度就是出路

从困境中解脱的最好方法是面对不同的情况，从不同的思路多角度地分析问题。因为事物都是多面性的，视角不同所得的结果就不同。这正印证了某位哲人说过的话："我们的痛苦不是问题的本身带来的，而是我们对这些问题的看法而产生的。"

悲观的人看事情满眼都是麻烦、痛苦、为难，不知如何是好；乐观人的眼里根本没有麻烦，即使是一件麻烦事，他也能从中发现一些对自己有益处的方面，并以此宽慰自己，增加解决麻烦的信心和力量。譬如：一只小狗，一个人见了会十分喜欢，夸奖它是"好可爱的狗狗"，高兴地与它玩耍；而另一个人见了它则显出一副厌恶的表情，忍不住尖叫："快，把它弄走，它身上有细菌。"同一只小狗，带给两个人不同的心情。

某印第安部落的酋长看中了他的两个部下成员的两匹马，他很想把其中一匹马据为己有。于是，他让这两位成员进行一次骑马比赛，获胜的马将成为酋长的财产。有一个人鼓起勇气悄悄地告诉这位酋长，两个成员都不愿意赢得比赛。如果换做是我们，我们能用什么办法判断哪匹马跑得快呢？其实，解决的办法很简单，就是让两个成员骑对方的马，他们都想让对方的马获胜，就会拼尽全力去赢得比赛了。

解决这个问题的方法是运用了逆向思维。逆向思维最宝贵的价值是：对我们认知的挑战，对事物认识的不断深化。所以，我们应当学会并掌握逆向思维的方法。

在生活中遇到问题时不妨换个角度去思考，也许会峰回路转、柳暗花明，也许会变得更明智。不同的角度、不同的视野，我们会发现不一样的精彩，我们会拥有一片更广阔的天地。

不管怎样，拥有积极心态的人就像太阳，走到哪里哪里亮。虽然我们的人生之路荆棘丛生，但并非都是无底深渊，只要我们用积极的心态去面对，换个角度看问题，就一定能战胜苦难，取得最后的胜利。换个角度看麻烦，是一种突破、一种解脱、一种超越、一种高层次的淡泊宁静，才能获得自由自在的乐趣。换一个视角看世界，世界无限宽大；换一种立场对待人事，人事无不畅通。

换个角度看失去，会发现自己所拥有的美丽

在生活中，我们有时会感觉情绪特别低迷，简直就是心烦意乱，有一股无名火在胸中好像一触即发，甚至想哭，哭他个稀里哗啦，哭他个天旋地转，但是很多时候却又哭不出来，持续地被各种烦心事困扰着，甚至让人难以走出低谷。

这时候，我们可以尝试换个思维方式或生活习惯，选择离开这种环境，离开那时那地，调整一下自己的心态应为首选。如果在工作单位情绪不佳时，选择离开单位，也可以决定休息几天。换一种环境就可以换一种心情，接触一下社会生活的各个方面，使自己融入其中，我们可能会突然感觉自己是不是不知足，还是自己的思想走入了误区，在追求一些错误的东西。有很多人的收入或许还没有我们高，工作环境相对也要差一些，但是他们工作起来非常充实而快乐。

活着是需要睿智的。如果不够睿智，那么至少能够以豁达、乐观、宽容的心态去看问题，看到事物美好的一面；如果用悲观、狭隘、挑剔的心态去看问题，那么只会感觉麻烦越来越大，大到遮挡住了太阳的光芒。

生活本来就是有苦有甜的，我们想看到什么就能看到什么。人生也

是如此，要学会看到光明的一面，善于发现生活中的乐趣，这样才能有一颗温暖而向上的心。如果我们习惯了在阴影里打量一切，那么我们的心、我们的世界也会越来越冰冷。有时候，只需要我们抬起头稍稍走出一步，就会发现太阳一直在温暖着我们。

维持现状就是掉队，努力养成敢于冒险的习惯

这个世界每天都在进步，科学技术、思想、价值观等都是如此。擅于学习的人就会从中吸取各种营养，从而使自己获得提高。有些人有感于竞争过于激烈，想找个间歇时间休息一下，这本无可厚非，但问题是千万不要因为太舒服而最后睡着了。正如影视剧中这样的场景：某人受了重伤，旁边的人拍着他的脸，高声说着"不要睡，醒醒"的话。因此，千万不要沉湎于既得的业绩，或者不满于现状而沉湎在抱怨的情绪中不能自拔，永远要清醒地认识到：我不进，别人就会进。

现状是座孤岛，绝不能安于现状

有些人知识多了、业绩高了，被人看重了、夸奖了，甚至成为明星了，接着就会出现一种安于现状的状态；或者觉得现在很不错了，事事保守杜绝创新；或者觉得过去的经验、才能既然已经成功地证明是有效的，日后所有事情都应该按照这个去做。这种现象，不仅出现在企业，更确切地说是企业家，同样也会出现在员工、才华横溢的人身上。

之所以会出现这种现象，主要的原因就是：惰性的出现。惰性非常可怕，它会让成功者从天堂坠入地狱，会让失败者永远无法成功。惰性是一种人性的弱点，对我们的发展产生消极的影响，会使我们永远不可能成功，即使成功了也会再走向失败。

面对竞争，也许有人会说，我只想做个平凡的人，那么拼命干什

么？说这话的人，其实是没有真正了解到就算做一个平凡的人也要面对竞争的压力。就算我们想做一个凡人，现实也会告诉我们没有那么简单。

什么是凡人？简单地说就是能够养家糊口、结婚生子的生活。在现代社会里，房子、车子应该不是过于奢侈的要求。然而，实现这些愿望容易吗？显然，对大多数人来说，实现上面的理想、达到凡人的目标也并不简单。要实现目标，我们就必须努力、努力、再努力，学习、学习、再学习，最终获得进步之后显得突出了，单位重视我们后才会给我们更高的薪酬，我们的理想实现起来也才更容易、更平稳。在此期间，我们还要祈祷千万不要发生特殊的事情，比如：出口危机、金融危机等各类危机，否则业绩不突出的我们可能会被公司辞掉……我们还敢接着往下想象吗？因此，不断直面竞争和进取是我们作为人的使命，不可逃避。

最大的冒险就是安于现状

不记得是哪位企业家说过，除了老婆以外，其他的一切都需要不断变换和更新，也就是说每天都需要改变。因为这世界上唯一不变的就是每天都在变，外界在变化，我们不改变，当然会掉队。

"树挪死，人挪活"，这个道理想必大家都懂。然而，现在的年轻人总是顾虑太多，一旦想到某个主意或者要去实施某个行动，担心的总是"万一""万一赔了呢""万一搞杂了呢""万一后果很严重呢""万一被有关部门查封了""被上级领导批评了"……

这样一来，越想越害怕，原本还打算一鼓作气，结果就在这样的犹豫和畏惧中最后化为乌有。抚摸胸口再三想想，还是有份小工作，做个小职员稳妥一些，虽然什么都没有，但是好歹不用去冒险。

还有一部分人因自己的现状而迷失了方向。他们不断地安慰自己，"没关系，丢了这份工作还有亲戚给介绍""即使没了收入还有爸妈养活""努力有什么用呢，还不是老百姓一个，就这样吧"……

这样的人真应该从迷茫中彻底醒悟过来，因为安于现状就等于把后半生的幸福赌在了一块毫无价值的"鸡肋"上，这块鸡肋就是我们目前的状况。这三五十年的幸福，我们赌得起吗？或者我们输得起吗？

面对现实，切实做好改变的计划

要想改变现状，那么首先就要面对现状。现在，请拿出一张白纸和一支笔，在上面写上我们的优势，比如：善良、灵动、高学历、领导才能、流利的口才、良好的形象等，这些都是我们的资本。再拿出一张纸，写上我们的劣势，比如：没有人缘、没有资金、没有背景，还有我们马上就到 30 岁了等，把这些都写在上面，这些都是我们需要去改变的。

接下来，该怎么去做呢？确定要改变的方向和计划：

1. 具备不安于现状的野心

自古以来，"野心"在多数情况下是一个贬义词。如果我们不戴有色眼镜看，野心应该是成功的关键因素。美国加利福尼亚大学的心理学家迪安·斯曼特研究发现，野心是人类行为的推动力，人类通过拥有野心，可以有力量攫取更多的资源。

如果一个人没有野心，就没有了人生的乐趣，它是我们奔跑的动力。我们要为生存而忧虑，压力形成了与生俱来的"野心"，被逼出来的野心形成了前进的动力。研究表明，成为成功人士的最重要的资本，不是他们拥有的财富，而是野心。想要改变现状，首先要有野心，一个实现人生最大价值的野心！

2. 多动脑筋，不断创新

"知识就是生产力。"这一说法虽然有点老掉牙，却是人生的真理，如今更是一个依靠点子和才智生存的时代。优胜劣汰，大鱼吃小鱼，小鱼吃虾米，从自然界到人类社会都遵循这个规则，所以，想要获得成功，就要极尽所能不断突破和创新，想别人未曾想，做别人未曾做的事，走别人没走过的路，新奇意味着转机和胜利。

3. 要有改变现状的行动

做生意、开公司、开发项目等，这些都是我们的计划和梦想，但只想是不行的，要立即行动起来！现在就开始改变，给自己充电，积累经验，搜集资料，参加实践。即使去摆地摊，那也是我们改变现状的伟大行动的开端。与其抱怨和空想，还不如从现在就开始行动。无论对与错，对我们来说都是财富，都在不断靠近财富。

4. 通过学习提升自己

记者在采访亚洲首富李嘉诚时问道："今天你拥有如此巨大的商业王国，靠的是什么？"李嘉诚先生掷地有声地说："依靠知识。"李嘉诚已是年逾古稀的老人，至今每天晚上睡觉前都要读书。李嘉诚先生尚且如此好学，我们自忖如何？

我们不通过学习来改变提升自己，最后只能落伍。我们要明白，这个世界每天都在变化，今天的成功不代表永远都能成功，因此，我们需要每天更新自己，应该通过学习努力提升自己在专业、人际关系、自身素养等方面的能力。

5. 努力、努力，再努力

人为什么长着两只手、两只眼睛、两只耳朵，却只有一个嘴巴呢？是想让我们多干多听多看少说。每个人都应该这样，主动地要求自己多看、多做，不要怕脏、怕累，不要怕吃亏，每一份努力都会有回报的，它将以多种财富的形式回馈给我们。

所有这些都是环环相扣的，知识丰富了，脑子灵活了，手脚勤快了，机遇也就来了。只有怀揣着改变现状的决心，才有机会有可能为自己开创一片新天地，才有能力获取财富，这也是我们应该具备的创富品质！

用标签主义看人，会让你错失贵人

记得这样一句话：不可挑拣食物，否则你会挨饿；不能苛求朋友，否则你会孤独。这话说得非常精辟，但是每个人在现实生活中交朋友时却不遵循这样的原则，而是随心所欲。

我们总是去结交我们喜欢的人，那些爱好、兴趣、理想相近的朋友，正所谓"志同道合"的另一个自己。曾经听过一个有趣的说法，说我们每个人都在寻找另一个自己，这个自己一定在某个地方存在着。关于"另一个自己"的这种说法，我感觉其实就是和我们习惯高度相近的朋友，我们和有些人能一见如故的原因就在于这种习惯的相似，或者说那个人的言行习惯刚好契合了我们最理想的幻想。

小人物关键时刻却能助你一臂之力

上帝决定了谁是我们的亲戚，幸运的是在选择朋友方面他给我们留了余地。选择什么样朋友，决定了我们将过怎样的生活。绝大部分人交朋友都遵循"志同道合"的原则，那为什么绝大部分人没有过上自己理想的生活呢？答案肯定让我们难以相信，那就是只结交自己喜欢的朋友并不能帮助我们改变什么，真正能给我们的生活带来帮助的是那些我们看不惯，甚至非常讨厌的人。我们来分享一个大家耳熟能详的历史典型。

齐国孟尝君非常注重广交朋友，曾招募门客三千，人人都有奇门绝技。

有一次他出使秦国，顺带门客一行。访问中，话不投机半句多，秦王想囚禁孟尝君。情急之下，孟尝君派人请求秦王的宠姬为他脱身求情，脱离险境。

这位宠姬非常希望得到白色的狐裘，但是唯一的白色狐裘早已献给了秦王，着实没有办法满足她。幸好孟尝君的门客中有一位是偷盗高手，于是派他潜入秦王的库藏将白狐裘偷出来，献给了秦王的宠姬，孟尝君最终免于囚禁。孟尝君暂得脱险，秦王不一会儿就后悔了，又赶紧派人去追赶他。

边界规定，只有需等晨鸡叫了才可以开关通行。这时，天色尚早，不到晨鸡鸣叫之时，又恐后面追兵。正巧孟尝君的门客中又有人善于模仿鸡叫，派他学鸡叫数声后，附近的公鸡都跟着叫起来，看管关防的人开关通行。孟尝君就这样平安地脱险了。

这就是历史上著名的"鸡鸣狗盗救孟尝君"的传奇故事。我们通常会挑选自己喜欢的人作朋友，这是因为他们身上有我们欣赏的优点以及与我们相似的地方。这并没有什么独特之处，也不见得会对我们的人际关系有多大的益处。因为这世上本就没有那么多让我们喜欢的朋友，相反有太多是我们看不惯的人，但往往在最关键的时刻，就是那些我们最看不惯的人助我们一臂之力。

关于这个说法，可以从印度大师古儒吉的话里找到证明："去爱一个喜欢你的人，没什么了不起；去爱一个爱你的人，你什么分数也得不到；去爱一个你不喜欢的人，你一定会在生命中学到一些东西；去爱一个无缘无故责备你的人，你就学到了生命的艺术"。

标签主义会让我们错过真贵人

原来朋友也好，还是人生也好，那些我们看不惯的人和事反而是促进我们成长的因素，譬如生命中的那些苦难，朋友亦是如此，让我们讨厌的人反而是最可能成就我们的人。这个道理很好理解，我们挑剔的食物，往往是我们最缺少的营养；我们挑剔的朋友，却正是成全我们的贵人。

那么，生活中为什么我们没有慧眼去发掘这些"贵人"，反而把他们当作唯恐悔之不及的瘟神对待呢？这是由我们人性的弱点造成的，它左右我们给每个人都贴上标签。

说到标签，让我分享一下电影中的桥段。

有一位心理学家去精神病院参观，他眼见一群疯子的行为匪夷所思。临走的时候，他发现自己的车胎不知什么时候被拆走了一个。心理学家感到非常气愤，拿出备胎装上，却发现螺丝都被人拿走了。正当他苦恼的时候，一个精神病人走了过来，问心理学家是否需要帮忙。

虽然他是一个精神病人，但心理学家还是礼貌地告诉了他。这个人听后哈哈大笑地说："这多简单啊，你从每个轮胎上拆下一个螺丝不就行了吗？"

心理学家恍然大悟，对精神病人的智商感到非常惊诧。这个病人哈哈大笑地说："在别人眼中我是疯子，但我自己并不笨啊。"

用这个笑话来解释标签主义也十分合适，在生活中常常会有这样的现象，我们习以为常地给别人贴上负面的"标签"。我们看到一个人，会理所当然地用一些标签来形容他们，而这种标签就像一副有色眼镜一样，使我们用苛刻的眼光看不惯别人。

试想，如果一个人被贴上"自负"的标签，那么我们会理所当然地认为他为人骄傲、不平易近人，因而在选择是否要跟他做朋友的时候，大多数人都会选择避开。实际上，我们看到的是他的自负，而我们没有看到的是他的才能和努力。只因为一个标签，就使我们的双眼被蒙蔽了，以至于错过了发现别人优点的机会。

人非圣贤，孰能无过。没有十全十美的人，重要的是在与这个人结交的过程中，看到他的真实面貌，而不是先入为主，将别人贴上标签，这样只能导致越来越多我们看不惯的人。如果自己贴的标签已经根深蒂固，那么会对自己的人际关系产生很大的影响。

在生活中有很多我们看不惯的人，我们总是习惯性地将自己对他们的反感贴上标签，这种心理特征十分普遍，但是如果想扩大交际圈，就应当反思自己的想法和态度。在这世上没有完美的人，不要将自己的思维固定在某一个负面的标签上。所谓"第一印象"有时并不靠谱，我们看不惯的人不过是因为表面现象，然而一味地排斥和避开只能增大两个人之间的距离，错过了进一步交往的机会。

正是标签主义害我们误会了朋友，让我们错过了真正值得结交的人，所以，俞敏洪的观点是很有道理的。我们看不惯别人，是因为我们的修养和能力不够，说得更具体的就是识人能力相当欠缺。

战胜思想上的顽石，主动结交"看不惯"的人

心理学中的投射效应也能解释我们的"看不惯"。所谓投射效应，就是将自己的特点归结到他人身上的倾向。当我们认为自己具有某种特性的时候，别人也一定会跟自己有相同的特性。可见，当我们将自己的情感和意志投射到他人身上的时候，实际上就进入了认知障碍。因此，我们之所以看不惯，实际上是因为我们排斥的正是我们所欠缺的。

阻碍我们发展的，仅仅是我们心理上的障碍和思想中的顽石。如果我们试着去喜欢不喜欢的人、去习惯看不惯的人，也许会从中学到很多东西，比如：我们能从中学会如何理解"他小气，也许因为家境不太好吧"，"他爱显摆，不过是想得到机会"……如果抱着这种想法，我们与

这些人的距离是不是又拉近了一些呢？

那些拥有良好人际关系的人身边总是有一些"三教九流"的朋友，不过是因为他先学会了理解，才有了跟对方进一步发展的机会。正所谓"人不可貌相"，只有多向前走一步，我们才知道自己看不惯的那个人究竟有什么过人之处，也只有这样，我们才能抓住生命中的贵人，因为机会和贵人往往就隐藏在我们看不惯的事和人之中。

所以，在我们的人际关系中，切不可完全凭主观喜好去结交朋友，不能让标签主义害我们错过了生命中的贵人，给那些我们看不惯的人一个机会，同时也给自己一个遇见贵人的机会。

没有铲除不了的恶习，只有不想改变的心

做文秘的小丽有一个坏习惯：处理任何文件，她都会拖到最后一刻才能拼命完成。譬如，公司周一开了一次会，老板让小丽最迟周四交上整理好的会议记录。不管周一、周二的时间有多么宽裕，小丽都不会先把这份记录完成了。

她经常是一天十次、二十次地在电脑上打开一个文件，但每写几个字就会停下来，一个字都写不下去。直到周三的下午，她才会对着电脑在键盘上狂敲一通，如果下午完不成——对小丽来说这是家常便饭，她就会拖到晚上，一直到晚上十一二点甚至夜里一两点才写完下班。周四，她一定会一早来到单位，红着眼睛、带着一脸的疲惫把报告交给老板。

小丽下了无数次决心，发誓要改变自己这个坏习惯，但时一年一年过去了，没有取得任何效果。小丽没有自控力，使坏习惯成了自己的主人。

众所周知，好习惯就会形成好性格，好性格就会形成好命运，好命运就会带来幸福生活。坏习惯人人讨厌、人人诛之，虽然有时还不被当事者所知。我们都知道，一种习惯一旦养成，就很难再改掉，特别是坏习惯，这往往令我们非常头疼。就像毒瘾一样，这些坏习惯会一直牵制着我们的活动，控制我们的生活，甚至要拖累我们的整个人生。

为了我们的前途，改掉坏习惯是必要的，下面介绍几种方法。

1. 不断自我激励，找到改变的动力和欲望

自我激励是改掉坏习惯或者嗜好的最关键的因素。不要说为了别人

的意愿，譬如说为了父母的嘱托，或者是为朋友的喜好来改变自己，无论如何，我们第一个想到的还是自己，为了自己的健康、自尊、感情平衡以及幸福而改掉那些坏习惯。这样内外激励，克服坏习惯就会变得相对容易一些。

充分发挥我们的想象力，想想自己的未来是怎样一幅场景。我们会走向何方？负债累累？患有心脏病？生活中的各种不顺心？如果我们现在有机会改变这样的未来，我们还会纵容自己沦落到那种地步吗？

开动脑筋想想所有那些积极的和美好的事物，它们又会给我们五年后或者十年后的生活带来什么影响呢？当我们回归坏习惯时，又会是怎样一番景象呢？拿出一张纸，把两种结果写下来，我们想要积极的，还是消极的呢？我们还可以列出下面的内容：若不养成新习惯，我们将会失去什么；或者若不抛弃坏习惯，我们将获得什么。

2.远离固有的圈子，积极强化意志因素

"冰冻三尺非一日之寒"，习惯的形成是长期累积的结果。如果改掉坏习惯只是想想而已，没有外力的有效推动、坚强的意志以及其他积极因素的影响，那可是难上加难的。譬如想要戒烟酒，如果我们还是整天跟嗜烟酒如命的朋友、同事混在一起，恐怕我们是不可能真正戒掉烟酒的。

一旦要下定决心开始戒掉这个坏习惯时，就要请我们的朋友、同事们坚定地支持我们的这一行动，切记别让他们再引诱我们重蹈覆辙，并且请他们对自己的行为进行强有力的监督，同时注意不要再跟嗜烟酒的朋友们泡在一起，并与他们保持一定的距离。

戒烟、戒酒计划初始的两三个星期其实是最重要的，成功与否就看我们的意志力能否坚持下去。只有远离固有的人群，积极强化意志因素的影响，戒掉坏习惯才有可能。

3. 坚持自我肯定，实施及时奖惩

在生活中，猴子的表演之所以精彩、警犬的破案之所以精准，往往是因为平时对它们进行不倦的训练。我们都知道，那些驯兽师在动物每做好一件事时都会及时地给它们一定的奖励，用来强化它们的记忆，希望它们有更好的表演。人类也是如此，我们如果在取得一定的成绩后能及时得到相应的肯定和奖励，也会取得不错的效果。

还以戒除烟酒为例。如果我们坚持了一周远离烟酒，就奖励自己一点比较健康的东西。比如：一段时间以来，我们发现一件生活用品确实很精美，也很实用，几个月下来始终都没舍得买，这时我们可以出手购置了，作为奖赏自己一周的坚持。尽管这些奖励微乎其微，但是精神的鼓励一定要做足做实，至少说明我们做得还不错，需要给予肯定。

反之，如果没有信守诺言，就给自己一些惩罚。例如：我们的目标是更健康的生活方式，而我们破例吃了炸薯条或者抽了烟，那么作为惩罚，我们就要给我们的朋友100块或500块的罚金，最主要的是让自己明白：如果胆敢越雷池一步的话，就会遭到痛苦的惩罚。

4. 一次只改变一个坏习惯

一次性就修正好我们的人生，这种想法是很不错，但是如果回归现实的生活，我们就会在压力和筋疲力竭中看到这种美梦的彻底破灭。不要去装超人或神奇女侠，从简单入手，一步一步地来，我们最终一定能看到最后胜利的曙光。

5. 不破不立，用一个新习惯来代替旧习惯

"不破不立"，破而不立也是不行的。如果我们用一个新习惯来填补这个空档，那么我们自然就很难旧病复发了。如果没有较好的替代品，用不了多久，坏习惯还有可能会卷土重来。

如果我们家里储存有薯片、糖果之类的零食的话，就用水果和坚果

取代它们。如果我们不再花费晚上的数小时时间网上冲浪或者查看社交媒体的话，我们就可以利用这部分空出来的时间去阅读更多的书籍，或者加入一个俱乐部参加一项运动也可以，上夜校也可以。

6. 听取过来人的经验教训

不要听信没有相关实践经验的人所说的言之无物的建议，听取能够在现实生活中派得上用场的好建议才是关键。我们可以向自己身边的过来人征询意见，或者从好书中获取相关的信息。此外，我们还可以到博客或论坛上去寻求帮助。

7. 抵制诱惑，避免坏习惯死灰复燃

哪些东西触发了我们的坏习惯？我们对此要有充分的了解。比如：在哪些情况下我们会乱花钱？橱柜里有哪些根本就是不需要的而且对我们的健康没有多大益处的东西？有哪些人拖我们下水，让我们回归到过去的坏习惯中？

古语有云："学好难，学坏易。"这句话一语中的道明了改变习惯的艰难。养成一种坏习惯很容易，但要改变坏习惯，即形成一种好习惯要难上数倍。世上无难事，只怕有心人。坏习惯的改变虽然不是一件容易的事，但也并非像高难度的科研项目那样难以攻克。动摇的时候，想想我们的人生梦想和追求，我们就能获得一些动力。正所谓没有改不掉的恶习，只有不肯改变的心。只要我们有强烈的想要改变的企图心，持之以恒，终会得偿所愿。

让最爱的人提醒我们改掉坏习惯

一位没有直接继承人的大富豪，在他死后将自己的一大笔遗产全部赠送给了一位远房亲戚，但是这位亲戚是一个常年漂泊在外靠乞讨为生的乞丐。这个接受遗产的乞丐立即身价骤增，一夜之间变成了百万富翁。

新闻记者闻风而来，采访这位无比幸运的乞丐："你继承了这笔遗产之后，最想做的第一件事是什么呢？"

乞丐不假思索地回答说："我要买一只比较好的碗和一根比较结实的木棍，这样我以后再出去讨饭时就更方便一些了。"

众所周知，习惯的力量大无边。习惯既能载着我们走向成功的顶峰，也能带着我们滑向失败的深渊。好习惯能促人从一个成功走向另一个成功；坏习惯最终使成功寸步难行。要成功，那就请最爱我们的人提醒我们改掉坏习惯吧。要建立好习惯，就抛弃坏习惯。不破不立，不改掉坏习惯，好习惯就难以建立。

有科学依据证明，我们每个人在一天的行为中，大约仅仅有5%是属于非习惯性的，而剩下95%的行为都来自习惯。即使是我们平时所说的打破常规的创新，最终也可以演变成习惯性的创新。

习惯对我们的生活和工作有多大的影响呢？因为它是始终一贯的，在不知不觉中自然而然地经年累月地影响着我们的所有行为，影响我们的做事效率，左右着我们事业的成败。

在走向成功的过程中，我们除了要不断激发自己的成功欲望，还要有百倍的信心、十足的热情、坚定的意志、持久的毅力之外，更应该搭上好习惯这一成功的快车，实现我们的目标和理想。这样做的道理刚好印证了亚里士多德说过的话："人的行为总是在一再重复，卓越的品质不是单一的举动，而是习惯使然。"根据行为心理学的研究结果，三周以上的重复就会形成习惯，三个月以上的重复就会形成比较稳定的习惯，也就是说同一个动作，重复三周就会变成习惯性动作，重复三个月以上习惯就会比较稳定。

传说，古希腊的佛里几亚国王葛第士用非常奇妙的方式方法，在他们战车的轭上打了一串结，并且预言：将来谁能解开这个结，他就可以征服整个亚洲。一直到公元前334年，仍然没有一个人能成功将绳结打开。

此时，亚历山大正血气方刚地率军入侵小亚细亚。听说这个预言后，他果断地来到葛第士绳结前，不加任何考虑地拔剑砍断了它。后来，他果然一举占领了比希腊大50倍的波斯帝国，实现了自己的宏伟抱负。

有一个孩子在山里割草，一不小心被毒蛇咬伤了脚。这个孩子疼痛难忍，痛不欲生，而医院却在离山很远的小镇上。说时迟，那时快，这个孩子毫不犹豫地用镰刀割掉了那个受伤的脚趾，然后忍着巨痛艰难地走向医院。这个孩子虽然缺少了一个脚趾，却用短暂的疼痛保住了自己的生命。

要改掉坏习惯，就应该有亚历山大的英勇气概，就应该有那个小孩的果断和勇敢。只有彻底改掉坏习惯，才能让好习惯引领我们一步步地走向成功。

道理说起来简单，但谁都知道彻底改掉坏习惯并非易事。事实上，习惯虽不可能根除，但能够被替换，我们能够用好习惯来替代坏习惯。我们要想改掉坏习惯之前，必须仔细地思考究竟应该选取哪些好习惯来替代它们。在生活中，一些瘾君子在戒烟之后，转而开始暴饮暴食，甚至嗜酒如命，导致体重骤然攀升，以致疾病缠身。所以，有目的地选取好习惯来替代坏习惯是至关重要的，否则一个坏习惯刚改掉，又会掉入另一个坏习惯的陷阱。

加拿大当地钓鱼的好季节在一年之内有两次，即整个冬季和七月份。在夏季，这个有点儿偏僻的地区的雪开始渐渐融化，道路变得泥泞不堪，因此，汽车开过后往往会留下一道道很深很深的痕迹。而冬天到来时，路面完全被冻上，道路上那些被冻得结结实实的车轮的痕迹便成了对驾驶员的最大考验。

就在每年冬天，这个偏僻而尚待开发的地区的入口处，总会竖起一块高高的警示牌子："驾驶员朋友们，请谨慎选择你们要行驶的车轮轨道，你将要在所选择的车轮印中行驶 20 千米！"

习惯不正像是这条道路上的车轮印吗？正是它们决定了我们生活的方向，不管我们是驶向成功还是失败，一旦我们选定了它们，我们便会长久地身陷其中。我们必须谨慎地选择那些决定我们一生的生活、学习和工作习惯，如果我们有目的地选取了好习惯去替代坏习惯，那么改掉坏习惯就会变得更容易一些。

以吸烟为例。不少人就是用嗑瓜子这种简单的方法来替代吸烟。每当受到烟草的诱惑时，他们就强迫自己去嗑几颗瓜子。

我有一个朋友，他多年的坏习惯就是晚上要躺在床上看着电视慢慢入睡。为了改掉这个坏习惯，他决定用读书替代看电视，直到自己入睡。这无疑又一次成功地验证：有目的地选择新习惯来取代旧习惯，将会极大地提高改掉坏习惯的可能性。反过来也是这样，有目的地培养和建立某种好习惯，将有助于我们更好地取代其他不良的习惯。

例如，我们希望每天早晨起床后自己要先收拾床铺，那么我们一定是意识到自己平时每天起床后所做的第一件事情都是其他方面的。再比如，我们希望自己养成积极倾听的习惯，那么我们必然已经意识到，自己以往没有积极地倾听别人的好习惯，在人前人后总是滔滔不绝，而且洋洋自得。如此一来，我们必然会错过许多别人试图与我们沟通的信息。

总而言之，用好习惯代替坏习惯，我们将终生受益。当然，改掉坏习惯主要还得靠自己，内驱力才能真正起作用，但如果能加在一起，外驱力时常监督、提醒会更有效果。

这个最有效的外驱力就是最爱的人，比如自己的爱人、父母、兄弟姐妹，或者其他朋友，凡是能经常在我们身边的人，他们能在平时的生活和工作中时常提醒我们，就像闹钟一样起到的提醒作用。当然，最关键的还是自己敢于改变坏习惯的信念。

给自己奖励，让改变的习惯坚持下去

无数的生活经验告诉我们，一改就灵，一变就成。为了让我们的生活更美好，积极造福世界、造福未来、造福人生，就要大胆地给自己奖励，让自己积极地坚持下去，让自己的改变坚持下去，以创造自己的辉煌人生。

面对大千世界，面对人生百味，不要感伤，不要自卑，积极善待自己，积极接纳自己，这就是我们给自己的最好奖励。我们奖励自己，就是给自己一颗美好无瑕的心灵，就是给自己最热烈的掌声，就是给自己一个热切的肯定，给自己一份坚定的信心，给自己一个前进的动力。

"骐骥一跃，不能十步；驽马十驾，功在不舍。"成功的秘诀不在于一蹴而就，而在于我们是否能够持之以恒。

希腊哲学家苏格拉底曾经给他的学生们出过这样一道非常有趣的考题：把你的手臂尽量往前用力甩，再尽量往后用力甩，从现在开始，每天甩臂 300 次。

学生们都忍不住大笑起来，心想："这么简单的事情怎么能做不到呢？我们大家都是正常人。"

一个月之后，苏格拉底又问他的学生们："每天甩臂 300 次，都有哪些同学坚持做到了呢？"90% 以上的学生都骄傲地举起了手。又过了一个月，当苏格拉底再次提起这个问题时，真正坚持下来的学生只有 80%。一年后，苏格拉底再次问道："请你们真切地告诉我，我们最简单的甩臂运动，还有哪些同学一直坚持每天做呢？"这时候，有且只有一个学生高高地举起了手，这个学生就是柏拉图，后来他成了古希腊另一位赫赫有名的哲学家。

成功的秘诀就在于坚持改变。其实，坚持是最容易做到的事，只要愿意，我们人人都能做到；坚持又是最难的事，因为真正能坚持做的，终究还是极少数人。正如古罗马著名学者塞涅卡所说："任何事情往往不是因为难以做到，我们才失去信心，而是因为我们失去信心，不能持续坚持这些事才会有难以做到的后果。"

工作中概莫能外。古往今来，成功者之所以能取得辉煌的业绩，他们凭借的是坚韧不拔的意志和坚持不懈的努力，是坚持，而不是偶然性的运气。

我们的工作就像马拉松赛跑一样，有些人虽然起步较快，甚至在起跑线上抢先一步，但是在最后冲刺的关键时刻却被别人落得很远。究其真正的原因，在很多时候并不是他们的实力存在问题，而是他们的意志出现了问题。有的人暂时领先洋洋得意，就松懈了意志；有的人暂时落后心灰意冷，就放弃了努力；而有的人始终向着既定的目标不断前进，锲而不舍甚至坚持到最后一秒。

常言道："机会只留给有准备的人。"这里的准备正是我们的不懈坚持。如果一个人在确定了奋斗目标之后，能够持之以恒，始终如一地为实现目标而不懈奋斗，他的目标就可以达到。其实，我们工作的过程就是一个不断坚持、不断积累的过程。"合抱之木，生于毫末；九层之台，起于垒土；千里之行，始于足下。"只要我们有不断坚持走下去的坚定决心和坚强的毅力，每个人都能实现心中的理想！

一个人会拥有怎样的人生，就要看我们愿意怎样去谱写。伟大与平凡也好，成功与失败也好，并不是什么由天注定，更不应该相信所谓的宿命！其实，人生中的很多事都是贵在坚持，不是说我们没别人天赋好，或者是能力比别人差，很多人之所以能实现自己的愿望和理想，在很大程度上是因为始终不肯放弃。

其实，别人能做到的我们同样可以做到，只是我们不想，或者说我们只想享受成功的喜悦，却不愿为之付出艰辛的努力，甚至会幼稚地感叹命运的不公。可能以前的我们就是这样，总是在没有付出努力的情况下就先失去了自信，总是觉得自己在各个方面都不行，只能空守着一个个梦想去幽怨人生，等待失败的降临。

现在的我们再也不能这样认为，应该认为自己不但行而且比别人做得更好，因为在我们的心里充满必胜的自信，一个有自信的人才是能力最强最幸运的人，才是最能实现目标和理想的人。

生活中有时候就是这样，没准儿是别人很随意的一说，而我们却把它当作了自己的目标，并且会不畏一切艰辛地去努力，因为我们不想让对方失望，更希望自己可以做到最好，所以别人的希望就成了我们追求成功的动力。

人不怕没有能力，只要我们心中有不灭的动力，即使再平凡的人也一样可以创造人间的奇迹！人的一生都在时时刻刻地努力，努力被别人发现、被别人认可、被别人赏识，这不但是一种渴望，同时也是一种快乐！

记得有这样一句话："如果你认定了一个目标，全世界都会为你让路！"这话说得真是到位，生命就是贵在坚持，不是说我们非要有远大的理想，即使许多小事儿也是一样，每次坚持了我们就能高傲地跨越障碍，如果放弃了只能让自己又多一个遗憾。

平凡的人之所以大众化，或许并不是我们没有强大的能力，而往往是我们看大了困难，却看小了自己。恰恰是由于不懈地坚持，成就了他人的精彩人生，而畏缩注定了我们的平凡，甚至是平庸！

　　所以，从现在开始，我们要让自己力求最好，就要用自信使自己的每一天、每一时、每一事都精彩。不管路会有多长，不问苦难会有多少，不管问题有多复杂，只要是我们心中的渴望就要做最大的努力，即使有 1% 的希望，我们也要付出 100% 的努力。

　　即便最终我们都无缘领略成功辉煌的风采，但我们曾在坚持中不断进取，在进取中不断超越，同样在这种自我完善的历程中完全体验了过程中的快乐，感受生活本身拥有的幸福！

03
管住自己，情绪自控尤为关键

　　我们每个人的心里都住着天使和魔鬼。坏情绪就是我们心里的魔鬼，一旦魔鬼失控将一发不可收拾。我们如果任由情绪肆意地发展而不加以控制或者及时反省，那么就会给自己或他人带来不便，甚至会惹出祸端。

　　自我情绪控制的能力，是决定我们为人处世能否获得成功的一个关键。有谁见过不能很好地控制自己情绪的人能够受人崇敬呢？我们要学会控制自己的情绪，而不要让情绪控制我们。能控制自己情绪的人，是情绪的主人；而被情绪操控的人，则是情绪的奴隶。

从细节入手，管好自己的情绪开关

有人说，一事不谨，即有四海之忧；一念不慎，即有百年之患。也有人说，一着不慎，全盘皆输。培根说过，秉性好比种子，它既能长成香花，也可能长成毒草。所以说，做人行事应当时时检查，以培育前者而避免出现后者。

人是生活在希望中的。作为伟大的思想家、政治家、哲学家、革命家、诗人的毛泽东同志早就说过，星星之火可以燎原。这个星星之火说的就是希望。有希望就是有可能，有希望就是有理想，就会给人一种积极向上的力量。哪怕是梦，一个连梦都不敢做的民族是没有希望、没有前途的民族。我们每个人都做梦，做好梦，这是我们积极向前奔的开始。

我相信，大家最希望梦见的都是自己有良好的情绪情感，有一个好的心境。为什么我们都希望有良好的情绪情感，有个很好的心境呢？

一天早上朋友来到机场，结果发现钱包找不到了，里面的身份证、银行卡、信用卡等重要证件，还有大量现金都丢了，关键是那个钱包还有一定的纪念意义。瞬间他的大脑里一片空白，心情顿时变得烦躁不安。不过，他立刻察觉到自己已产生和将要产生的情绪，心想："钱包既然丢了，心情再不好就是在伤口上撒盐，只是补办耽误一点儿时间而已，不能再闹情绪了，好在早来些时间也许不会耽误登机。"

于是，他在机场办理临时身份证，办证的人有点儿业务不熟练，拖拉了一些时间，好不容易办完了，又说没有零钱找，于是零钱不要了。等到去柜台办理登机牌时，被告之已经来不及了，早 5 分钟还可以，现在舱门已经关闭了。我的朋友顿时无语啊！但是在他身边有个哥们儿也遇到了类似的情况，正在大声抱怨！我的朋友却淡定地笑了笑，因为他已经观察了自己的情绪。

朋友又去售票柜台办理改签，服务人员告诉朋友说只能改签到晚上 10 点多。当时才是上午 10:40，他还要等 12 个小时。身边那个一样误点的哥们儿几乎要崩溃了，咆哮着说："为什么这么晚？为什么下午不安排飞机？为什么只晚了 5 分钟就要等 12 个小时呢？"我的朋友淡定地笑了笑，因为他已经观察了自己的情绪，除了无奈，除了无语，没有非常恼火。

如果我的朋友一开始没有观察到自己的情绪，整个上午该是一个多么糟糕的上午啊！钱包丢失，身份证、信用卡、银行卡都丢了，办证拖延耽误航班……一般人都会心浮气躁，会向身边的任何人发脾气，会冒出无名火，搞不好还会跟航空公司的人吵起来。细想一下，这样做的结果除了伤害自己、伤害他人，对解决问题又有什么作用呢？

好在我的朋友一开始就观察到了自己的情绪，每次情绪就要起来的时候，很快就能平息下来，有什么好烦躁的呢？说不定钱包能找回来，说不定坐晚班飞机身边还有美女乘客陪伴……

情绪就是一条河，如果没有及时观察，这条河流会汇集越来越多小的溪流，越来越大。河流平时非常平静，一旦爆发，它的力量是无法控制的，甚至可以造成祸患。

古语有："合抱之木，生于毫末；九层之台，起于垒土。"我们搬不动九层之台，但我们可以很容易处理掉一小块垒土；我们折不断合抱之木，但我们可以很容易折断一棵小树苗。处理情绪时也是同样的道理。

那么，怎样才能更好地抓住细节、观察自我的情绪呢？

把握自己的内心，不要迁怒其他因素。当出现不良情绪时，我们要能察觉到，然后在心底告诉自己："哦，此刻我有负面情绪了。"这时候，最重要的是把注意力放在自己的心里，而不是放在那些引起我们产生不良情绪的人、事或物上。

清楚自己的行为，切勿深陷情绪之中。先观察一下我们此时此刻的动作，把注意力放在自己的身心上面，绝不要完全陷入自己的情绪冲击中。

审视自己的思想，务必弄清自己的所思所行。要尝试观察我们在想什么，就是观察我们的思想。如果我们能听到脑袋里那个喋喋不休的声音，我们就是在观察自己的思想。这时候，请带着我们的觉知和爱去观照它，不要认同它，也不要批判它，只是看着它，要明白自己的所思所行。

观察自己的身体，务必积极引导自我。在生活中，有些人连自己生气了都不知道，甚至造成恶果后才意识到，这是自己做的事吗？此时此刻大势已去，后悔莫及。其实，观察情绪最简单的办法就是观察我们自己的身体，情绪就是身体对我们思想的一种反应，只不过有时候我们还没觉察到思想，情绪就已经表现出来了。感觉一下我们身体的哪些部位紧绷着？胃部是否有不舒服的感觉？心里是否有紧绷或抽痛的感觉？身体的某些部位是否颤抖？其实，这些都是情绪在我们身上作用的结果。观察它、观照它、允许它的存在，全然地经历它，不要抗拒，我们会发现自己的全然接纳和全然经历，会让它消失得更快，甚至转化为喜悦。

当我们感觉别人都是"高高在上"的时候，是因为我们的内心有一个"低低在下"的自我在起作用。当我们有被别人轻视的需要时，才会真的被别人鄙视。一个自卑感很重的人，在生活中自然会有许多人不尊重自己的感受。一个感觉这个世界没有温情的人，到处都会被人冷眼相待。

　　人生路上并不是一帆风顺的。顺境时，既不要忘乎所以、不可一世，更不能得意忘形；逆境时，既不要垂头丧气、消极萎靡，更不要一蹶不振；遭受打击的时候，也能泰然处之、应付自如。

做个深呼吸，好心情自然来

你会呼吸吗？

如果有人问这样的问题，我们肯定会感觉这人有点儿傻。呼吸与生俱来，谁不会呼吸呢？不呼吸还能活命吗？大部分人之所以这样想，是不知道呼吸里面的学问，特别是对改善我们的情绪有一定的作用。

我们每分每秒都要进行呼吸运动，但未必所有人都知道自己的呼吸是否正确。英国的一项研究表明，90%以上的成年人都不会有意识地进行呼吸调节。我国的呼吸科专家也做过类似的统计，城市中有一半以上的人呼吸方式根本不正确，短浅的呼吸不仅使许多人大脑缺氧、容易疲惫，而且容易诱发多种疾病。

科学呼吸给我们带来健康情绪

合理呼吸对于身心的好处，有古谚和古书记载可查——"掌握呼吸，行沙土而不留足迹"、"呼吸正常，两腿不累"，从这两句古语中可以得到证明。我国古人就已经知道正确的呼吸能够增强生命的活力，改变呼吸的习惯，进行正确的锻炼，对身心是大有好处的。

不仅中医持有这样的观点，西方也有观点佐证。美国精神卫生家亚历山大曾研究过抑制呼吸对情绪造成的障碍。神经症、精神分裂症病人的个性证明呼吸会影响他们的情绪。根据临床上的观察，精神分裂症病人更多倾向于使用上胸部进行呼吸，而神经症病人采取浅表的横膈式呼吸，因此，有的医生教会病人采取正确的呼吸方式，从而帮助病人逐渐恢复了正常的生活。

还有一点我们很少关心和注意的是，呼吸与我们的乐趣和幸福是密切相关的，殊不知呼吸不够充足时能削弱我们的生命力，使代谢过程进展缓慢；浅呼吸不仅导致疲劳、贫血和萎靡不振，而且能使我们的情绪向消极方面蔓延，比如愤怒、消沉、自卑和莫须有的内疚感等。呼吸作为心理健康的一种反映，改善呼吸对许多有情绪障碍的患者来说，是一个有效的医治良方。

检查我们的呼吸方式是否正确

虽然呼吸是与生俱来的，但我们可能很少注意到它。因此，每天在不同的时刻，我们要有意识地注意自己的呼吸、观察自己的呼吸，从而了解自己的呼吸、了解自己的精神状态。其实，当留意自己的呼吸时，我们发现呼吸会随着我们的身体、情绪发生一系列的变化。

从生理上来说，呼吸既包括肺部换气，又包括气体在血液中的运输和交换。而我们通常所说的呼吸，多指呼吸运动，也就是胸廓有节律地扩大和缩小，完成吸气与呼气的过程，为的是提供氧气，排出二氧化碳，保证生命的正常运行。

在通常情况下，很多人因为呼吸太短促，使空气不能深入肺叶的下端，换气量小，所以大部分人在一生中只使用了肺的 1/3，特别是常坐办公室、缺少运动的职场人士，他们的呼吸既浅又短，仅用胸式呼吸。这种呼吸方式每次的换气量都非常小，在正常的呼吸频率下通气不足，会使体内的二氧化碳不断累积，导致脑部缺氧，出现头晕、乏力等症状。正因为如此，所以大多数人只是扩张了身体的胸部，呼吸很少涉及肋骨和上腹部，这种呼吸是急促而短暂的，而理想的状态应该是：深长和完全的一次完整呼吸的扩张和收缩应该与整个躯干的长度和深度相同。

做几次深吸气，尽可能放松喉咙，同时看看我们的肋骨、腹部和背部是否扩张开，尽可能地使呼吸进入我们的整个身体。每次吸气的感觉就像充足气的气球，呼气时感觉像泄尽的气球。细心观察并延长我们的呼吸，会有惊人的效果，它能积极地改善我们的能量水平和情绪。

关于这方面的体会，不妨在生活中尝试一下。当我们与别人争论而不高兴的时候，或者正准备做首次公共活动而感到紧张的时候，或者正设法解决一个难题而感到焦虑的时候，建议我们停下来，做几次深呼吸，就能促进血液循环，增加体内的供氧量，增大肺活量，然后再慢慢呼出来，排出体内的二氧化碳是非常有益的。这时，我们就会感到轻松愉快了，紧张的感觉得到了缓解，我们不会再皱眉头、发脾气了。

创造好心情的深呼吸

我们提倡的深呼吸，就是以深长的腹式呼吸为基础，逐步使肺、肋骨、横膈膜等肌肉群在呼吸时进行最大幅度的运动，使空气充满肺部的"全体呼吸法"。这种呼吸方法尤其适合突如其来的负面情境，常常更能适时调节身心、稳定情绪。

腹式呼吸对我们有哪些帮助呢？这种呼吸方式除了能帮助我们做更深的自觉呼吸外，还能够减轻焦虑、紧张的情绪，松弛胸肌、增强意识、清醒头脑、充沛精力，并得到一种欣慰感。寿命长的动物，如龟，是以腹式呼吸为主。

腹式呼吸法最关键的原则是：一是要缓和吸气，也就是吸气的时候，要均匀、缓慢，尽量深吸，使气体能充满肺泡；二是要用力吐气，吐得干净、彻底，这样才能将废气全部排出体外，保障交换的氧气尽量多一些。最科学的呼吸方法是：吸—停（屏气10~20秒）—呼。

在空气新鲜的户外，我们可以有意地多做些深呼吸训练。为了更好地调整呼吸的节奏，还需要参照个人的体质和运动习惯等方面，现提出以下三点建议：

1. 保持呼吸的平衡节奏

一般来说，吸气蓄力，呼气发力。蓄力的时间要更充分一些，同时保持供氧和发力的合理分配，避免气喘吁吁，因此在做剧烈的运动时，譬如打球、拳击、跑步，要学会调整呼吸的频率，使呼吸一吸一呼相得益彰。

2. 调整呼吸的节奏，保证协调的均衡

瞬间高频率和大幅度地发力，或者持续长时间的体力消耗，往往会导致协调性变差，身体缺氧，身心疲乏，这就需要通过调整呼吸来保持协调的均衡和体力的相对稳定。正是由于剧烈的运动过程中夹带着无氧呼吸，需要及时补充氧气，但是在停止后，只要放慢呼吸的节奏，吸气均匀调整，呼气长而缓，往往就能满足正常的供氧需要。

3. 养成呼吸锻炼和挖掘呼吸方式的习惯

学会腹式呼吸还可以通过腹肌的力量加强协调，降低膈肌的呼吸疲劳，当然也锻炼腰腹肌肉。其实，通过平时的锻炼，我们可以发现很多呼吸的技巧。所谓吸长呼短或者呼长吸短都没有定式，使自己的身体适应运动就可以了。

改善情绪的深呼吸的方法和形式举不胜举，有时可以根据自己的情绪采取相应的调节方法。譬如：当我们感到焦虑时，不妨采用改善焦虑的呼吸方法。

在生活中，虽然我们常常意识不到自己的呼吸，但这"一口气"却能左右我们的身心状况。可以说，呼吸的方式就是我们的生活方式，比如：性格暴躁的人的呼吸也不会平稳。如果能改掉不良的呼吸习惯，调整呼吸的节奏，提高呼吸的质量，就拥有了迈向身心健康的通行证。当我们身受忧郁、沮丧、焦虑、疲劳等负面情绪侵扰时，不妨寻求呼吸的帮助，它是有效的治疗手段，而且是免费的治疗师，在这世上还有如此美妙的事情吗？

装作很快乐，情绪真会好起来

"假装快乐"，毕竟是假装的，最终怎么会快乐呢？下面的故事也许会带给我们一些启示吧。

有一个环保工人在短短的三年里先后经历：儿子高考失利、妻子身患重病、父亲去世、家中被盗、作业时被汽车撞断一只胳膊。

如果我们与他不相识、不了解，我们可能只会为他担忧，感觉他的日子肯定没法过了，整天不是怨天尤人，就是以泪洗面，但恰恰相反，他表现得异常坚强，依然非常快乐，每天都是开开心心的。

这个环保工人属于典型的劳累而清贫的人。冬天，他经常踩冰冒雪上路；夏天，他总是头顶烈日地工作。他的收入虽然不高，但是能勉强维持家用；她的妻子体弱多病，又没有工作；儿子刚刚踏入社会，四处打零工。

但是，在单位里同事面前，每次谈到家里的生活时，他都感觉非常满足。他经常对同事说，自己的妻子非常贤惠、善良。有一次，他的家里只剩下五块钱，他的妻子竟然还去市场买菜，买回了一把青菜、一把韭菜和一根黄瓜，给一家人做了一顿丰盛的晚餐，而且韭菜还没有用完，妻子把韭菜腌成了咸菜，第二天早上吃稀饭就有小菜了。

在别人看来，这个环保工人的笑容饱含了太多的辛酸和无奈，因为除了经济拮据，他的胳膊还没有痊愈，需要用绷带吊在胸前。虽然在正式回到工作岗位之前，每月的奖金他是拿不到的，但是他不在乎，也不向领导要求额外的照顾，每天都还是高高兴兴地去上班，笑眯眯地下班。

其实，这个环保工人在日记中这样写道：

"大家都以为我是个快乐的人，其实，我活得很累，很多快乐都是假装的。"

"我认为假装快乐，就一定会得到快乐。"

"儿子高考失利，如果我不保持乐观，对他、对我、对妻子、对整个家庭，都会产生更大的打击；妻子住院一年，当时我忙前忙后，既要照顾她，又要上班，每天都累得半死，但我还是把笑容挂在脸上，就是怕她失去信心；父亲去世，我的心里曾一度空荡荡的，但是人死不能复生，我只能迅速调整心态，积极面对工作和生活；家中被盗，那是人祸，我们自己也有防范不严的责任，给小偷提供了机会，怨天尤人不管用，还是开口笑吧；而胳膊被撞断后，我告诉自己，趁这个机会好好休息一下……我不能垮掉！"

"我就假装快乐——那也是一种快乐！当我没有足够的钱购买快乐的生活时，我就笑！笑是免费的，它伴随我渡过许多难关……"

著名的心理学专家王梓恒认为，"假装快乐"是一种快速调整情绪获得快乐的方法，虽然治标不治本，但确实有明显的效果。心理学研究发现，人类的身体和心理是互相影响、互相作用、互相通融的整体，也就是说某种情绪一定会引发相应的肢体语言，比如愤怒时，我们会双眉紧锁、握紧拳头、呼吸急促；快乐时，我们会眉飞色舞、嘴角上扬、面部肌肉放松。

同样地，肢体语言的改变也会导致情绪的变化，也就是说当无法调整自己的情绪时，我们可以调整肢体语言，带动需要的情绪。比如：我们强迫自己做出微笑的动作，很快就会发现心里开始涌动着兴奋和快乐，所以假装快乐，我们就会真的快乐起来，这就是身心互动原理。

人活在世界上，无非是为了使自己更快乐幸福而已。

认真地过好属于自己的每一天，就必须用心去感受生活的点点滴滴，怀着一颗感恩的心，从每一件小事中去寻找点滴的快乐，生活一定会更加充实。

我们都知道，一个人的性格将决定一个人的命运。如果我们喜欢保持自己的性格，那么我们就无权拒绝自己的际遇，积极地善待它吧。人的一生，无论怎样风花雪月，无论怎样艰难困苦，无论怎样难以预测，我们都必须亲身去经历自己的人生，别人是无法代替的，生活是永远属于自己的，而一个人只有真正认识和了解自己，才能拥有一种独立自主的性格，才有资格去选择自己的爱好和习惯。不是把快乐寄托在别人身上，而是自己去努力寻找。

学会快乐地生活，最重要的是摆正自己的心态积极面对。其实，人非草木，每个人都有自己的情绪波动，每个人都有脆弱和坚强的一面，是苦是乐全由自己来判断。每件事的好与坏，各有各自的看法，各有各自的道理。塞翁失马，焉知非福？全都在自己的把握。

我们要大声地对自己说："每天多给自己一些快乐的理由，不要因为过去不快的牵制而烦恼。"

我们要学会用自己的思想理念和生活方式去寻找快乐。无论事情对与错、是与非，应该有自己独特的思想和观点，也就是说要有自己的主见。既不能人云亦云，又不能做墙头草随风倒。如果认为自己这样做是值得的就行了，不必太在意别人的看法，然后坚定不移地朝这个方向去努力、去奋斗，准确地把握人生的大方向，才能有心情去寻找每天快乐的源泉。

心理学专家表示，"假装快乐"是一种快速调整情绪的好方法，可以使我们较快地脱离不良的情绪。从医学的角度来看，悲伤的情绪往往会导致人体新陈代谢的减慢，所以人在悲伤的时候往往精神衰退、兴趣全无、毫无斗志。"假装快乐"还可以通过一些行为获得，情绪压抑者可以尝试"笑功"：先是身体站直，然后向前屈90°，再后仰10°，同时嘴里喊着"哈哈哈哈"，动作和声音力求有所夸张，连做六到八次，前后对比就会产生不同的感受。

人不可能每天都顺心如意，遇到困难的时候要学会超越痛苦，然后给自己一个微笑，给自己一个暗示，心超世外，平心静气，快乐就会来找我们……

"假装快乐"，真的就能快乐！

抱怨是病毒，话出口前请叫"停"

上帝在赐予我们一分天才的同时，也会分配给我们以几倍于天才的苦难。正如被称为"世界文艺史上三大怪杰"的弥尔顿、贝多芬、帕格尼尼，他们一个双目失明，一个双耳失聪，一个成为哑巴。他们身患残疾，如果终日抱怨不喋，他们的人生将是多么平凡无奇啊，一生的卓越成就与他们根本就是无缘的。所以，停止抱怨，因为人生总会存在诸多的不如意，只要我们摆正心态，快乐自会如影相随。

但事实上，抱怨的人无处不在，有些人总觉得别人处处都跟自己作对，总是对自己不友好，因而抱怨不止；有些人总认为自己是强者，不可一世，但当遇到困难的时候又束手无策、无力解决，也开始抱怨不停；有些人认为社会太不公平，时运总是远离自己，常常抱怨自己难以施展抱负。

说到抱怨怀才不遇的情况，在所有抱怨的事情中是首屈一指的。南宋词人刘克庄在一首词中写道："叹年光过尽，功名未立，书生老去，机会方来。"这几句词成为古往今来怀才不遇者独坐愁闷之时对酒慨叹的名句。的确，抱怨自己怀才不遇的人大抵会有如此愁苦的心境，即便有朝一日"机会方来"，他们也会因为自己的遭遇和不平而慨叹良久。

怀才不遇是一种感觉，这种感觉大抵来源于自己的感受。一般来说，怀才不遇者在内心深处对两个概念念念不忘、难以释怀——"才"和不遇。怀才不遇的心理首先是认为自己有才，其次是不遇。当自己偏执地认为自己才华横溢，再加上没有施展才华的机会时，"才子"、"才女"们便会抱怨社会不公、命运不济，大声慨叹"怀才不遇"。

在抱怨"英雄无用武之地"、"天意弄人"的时候，"才子"、"才女"们大多会偏执地认为，怀才不遇是客观原因造成的，自己完全是"受害者"。

也许他们会说，这是天意弄人、时运不济，或者是小人作怪……是的，天时、地利、人和都是造就成功的因素。各种客观因素都有可能造成怀才不遇，都有可能使我们"不得志"，但是自我的原因呢？也是不能回避的，让我告诉你，自己不能成功，原因就在自己。在我们抱怨自己怀才不遇、不成功的时候，请你先问问自己几个问题：

我们认为自己怀才，但是我们清楚自己的"才"是什么吗？我们认为自己不遇，但是我们知道自己为什么"不遇"吗？眼看着别人平步青云，处处春风得意，不要让嫉妒蒙蔽了我们的眼睛，问问自己，我们和别人的差距在哪里呢？即使更多的是由于环境因素造成了我们的怀才不遇，但是我们有没有想过要脱离这种环境呢？为什么要让怀才不遇的糟糕心境一直困扰我们呢？

如果我们能深入地思考这些问题，并结合自己的环境分析其中的原因，相信我们将会尽快摆脱"怀才不遇"的处境。

其实说到底，不管我们是真有才，还是假有才，爱抱怨的人往往都是抱持着一种极其消极的态度，对自己百害而无一利。这种愤世嫉俗的心态，喋喋不休的怨声载道，只会让我们消极倦怠，不思进取，被困在自织的茧中，与好运绝缘。因此，从这一刻开始，首先坚决改变抱怨的状态，然后主动提升自己的能力，终有一天会"怀才可遇"。

深入分析后不难有发现，我们人生的种种悲剧多数是自作自受，承受的种种痛苦都是自己的所作所为造成的。正如我们生活中的种种抱怨，它们消耗了我们太多的心力而使我们无暇积极地改变这种状态。抱怨是一种致命的消极心态，我们必须在最快的时间内向它"叫停"。

从现在开始立即停止抱怨，把时间和精力都用在解决问题上。停止抱怨，我们必须接受这样的观点，换句话说，就是我们必须为自己所做的事情负责，而不是做错了事之后找各种各样的理由来推卸责任。

如果我们不满意自己的现在，那么就改变这一切，而不是把责任推到别人的身上；要树立人生目标，抱怨并不能促使目标实现，目标能否实现完全取决于我们自己；如果你不高兴的话，那一定是因为自己，而不是其他因素导致的；如果遇到了困难或者挫折，我们应该努力去解决自己的事情，不能坐等转机；如果想和别人交往，我们应该主动邀请别人，而不是等别人先伸出双手。

毫无疑问，停止抱怨仍然不是最终目的，我们应该多一点儿自信积极地去改变现实。如果发现自己在抱怨，立刻停止，然后问问自己，为什么不能努力去改变现状让自己的生活更有意义呢？怎样改变自己的现状呢？

1. 生活贵在张弛有度，心累找个解脱的乐子

我们时常抱怨"心累"。累，是精神上的压力太大，是心理上的负担太重。当然，累与不累总是相对的，要想不累，就要学会自我放松。生活贵在有张有弛。长期心累，使我们长期处于亚健康状态；长期心累，会使我们的精神萎靡不振。所以，心太累时，一定要把自己从当时的境况中解脱出来，找个能使自己放松的乐子。

2. 与其抱怨自伤，不如用乐观防御

偶尔地抱怨发泄一下，也不是不可以的，但是无休止地抱怨只会为自己增添烦恼，只能向别人显示自己的无能、无知和无奈。抱怨是一种致命的情绪，一旦自己的抱怨变成恶习，那么人生就会昏天黑地。抱怨没有任何好处，乐观才是最重要的。

3. 努力改变别人，不如改变自己

我们常常感觉到无法去改变别人的看法，那么我们就要试着改变自己。不好的生活不在于生活本身，而在于我们的心情怎样。让生活变好的金钥匙不在别人手里，而在我们自己。不要指望改变别人，自己要做生活的主人。

4. 屏蔽外界的负面言论，自己开心最重要

人生是如此短暂，哪有时间去浪费呢？有智慧的哲人曾经说过："大街上有人骂我，我是连头也不回的，根本不想知道这个无聊之人！"我们既不想伤害别人，也不想被别人的批评左右，还是按照自己的美好愿望，先踏踏实实地学好本领再说。

5. 让今天的心情更美好

何必因痛苦悔恨而失去快乐的心情，何必为莫名的忧虑而惶惶不可终日。美好、愉快的心情，将会事半功倍。今天之心、今日之事和现在之人，都是实实在在的，也是感觉美好的。当然，过去的经验要总结，未来的风险要预防，这才是智慧的。昨天已经过去，而明天还没有来到，今天是最真实的。要用微笑面对一切，要用热情拥抱今天的阳光。

6. 养成接纳、赏识自己的习惯

学会欣赏自己，就等于拥有了获取快乐的金钥匙。这里所说的欣赏自己不是孤芳自赏，不是唯我独尊，不是自我陶醉，更不是固步自封。我们要给自己一些信心，给自己一丝愉悦，给自己一个微笑。

笑一笑，人生才会更美丽

心情很坏的时候，笑一笑是一种成熟。艰难险阻是人生对我们除了一帆风顺以外的另一种形式的馈赠，坑坑洼洼能对我们的意志进行磨炼和考验。落英凋零在晚春，来年又是灿烂一片，败叶在秋风中飘荡，春天又焕发出勃勃生机。

别忧伤，笑一笑是一种给予。收获与付出往往是成正比的，我们在品味别人给我们带来顺利的同时，也要想到需要我们去给予。其实，给予别人快乐也是一种快乐。给予快乐，我们就能收获快乐，因为我们为自己创造了快乐。生活时时刻刻都被快乐包围着，只要我们用心去品味，我们就会时时感受到快乐的时光。

每个人都非草木，都有七情六欲。忧伤只是一种被动消极的情绪，忧伤是人的一种心理感受，是一种不快乐、不高兴、不愉悦的表现。忧伤会使我们产生烦躁和不安，也是加速衰老的催化剂和强化剂。正所谓"一夜愁白了少年头"。我们在忧伤的时候常常会心烦意乱，身体里往往会分泌一种毒素。当然，这种毒素不会对我们的身体产生很大的伤害，但是它会导致我们的心情更差、更糟，还可能伤及身心。有时，忧伤过度会伤及内脏器官，长此以往，即使不伤及内脏器官，也可能会得上心理疾病，比如：神经质、抑郁症等心理障碍，会给我们的生活带来很大的不便。

其实，在现实生活中每个人都会遇到这样或那样的不悦、忧伤、挫折，甚至苦难。客观地说，忧伤、挫折和苦难，一方面会打击我们的心灵，另一方面能塑造人类另一种精神世界。谁都不能让困境消失，已经发生的一切是无法挽回的，我们必须鼓起勇气，镇静地面对它，毫无抱怨地接受并承担。心灵的力量是无穷的，无论在任何条件下都要选择精神的自由。

忧伤只是一种不良情绪，但这种情绪不能持续太久，长期处于这种情绪中会使身体受到伤害。科学研究表明，在通常情况下，每伤心或生气 10 分钟就等于跑了 3 千米的路，当然这里不是说伤心或者生气可以锻炼身体，而是说对身心会产生负面的影响，可以用分散注意力的方法来减轻痛苦，使自己的心绪逐渐平静下来。放松自己最好说一说高兴的事，使自己的精神得到一定程度的放松。

忧伤是没有界线的，它不分性别，不分年龄，不分国界，不分职务，更不分种族。它是一种不良的情绪，更是一种心理感受。抑郁伤感、忧伤会催生营养不良，营养不良又会加剧抑郁伤感，氨基酸就会不平衡。有人也说过"忧伤是吃出来的"，这句话不无道理。如果缺乏色氨酸是诱发抑郁症的重要原因，那么记住多补充富含色氨酸的食物，如花豆、黑大豆、南瓜子仁、鱼片等；如果缺镁，香蕉、葡萄、苹果、橙子能给人带来轻松愉悦的感觉，使忧郁远离。另外，有些食物也可以改善忧伤抑郁的心情。

人生在世，几多欢乐几多愁？人非圣贤，难免悲伤和忧愁。

我们要大声地告诉自己：不要悲伤，拒绝忧愁，快乐的日子总会到来。人生没有悲伤，那不是一种奢望吗？人生没有忧愁，那不是太不正常吗？

为了让人生更精彩，就勇敢地笑一笑吧！笑一笑，忘记一切悲伤和痛苦；笑一笑，忘记一切忧愁和烦恼。笑着面对悲伤，化悲伤为动力，勇敢地超越过去；笑着面对忧愁，化忧愁为快乐，勇敢地战胜困境。笑一笑吧，我们一定能做得到！

生活中不乏其人，他们往往为一朵花儿的凋谢而闷闷不乐，或者为一片落叶而叹息和无奈，或者为烟花的来去匆匆而惋惜。朋友，请不要闷闷不乐，请不要叹息！"落叶不是无情物，化做春泥更护花。"

虽然花儿凋谢了，但是它没有哭，没有悲伤，没有忧愁；它微笑了，因为它曾经美丽过，因为它要执行另一个重要的任务，哪怕是粉身碎骨也要献出自己的爱——护理和滋养花朵。

叶子，它离开了树根的怀抱，它是笑着离开的，它是那样飘逸，它是那样潇洒，它要去寻找属于自己的一片天地了。

烟花它来去匆匆，来的时候它笑得很美，它很实在，也很充实，去的时候它笑着离开，虽然短暂，却留下了瞬间的美丽，留下了几多绚烂，留在我们的记忆中直到永远。

人生本来就是多姿多彩的。有喜，有怒，有哀，有乐。人生不可能总是一帆风顺，总是跌宕起伏。困难总会在我们不经意间出现，让我们感到茫然失措；遇到困难，我们总是一副沮丧脸，甚至让我们感到无奈、彷徨。

让自己笑一笑吧。在困难面前，尽情地笑，笑着面对困难，那样我们自然会轻松许多，慢慢地困难就会害怕我们，慢慢地走开。不是说"困难像弹簧，你强它就弱吗？"即使我们一时不能战胜困难，那么也要笑一笑！何必忧愁呢？忧愁只能让我们愁上加愁。

笑一笑，是人与人之间最美的问候。遇到熟人，就要对着他笑一笑，这样别人也会给我们以微笑，我们顿时会感到一阵快乐，心里感到温暖！遇到陌生人也笑一笑吧，地球村，没有外人嘛！世界是一家，世界处处都那么和美，充满和谐，充满快乐。这样，我们是否感觉，全世界的人都是我们的朋友，我们就不会感到孤独……

笑一笑是一种淡泊。正确地面对各种竞争，适当地调节自己，淡泊名利，掌握和谐之道，学会淡泊处世，我们会发现超越竞争带来的快乐更多！

笑一笑是一种自信。悲观的人，决定了消极避世的态度；乐观的人，决定了积极的人生态度。面对生活的各种情形，悲观的人总是看到困难，看到失望，甚至是绝望；相反，乐观的人却总能 在失望中找到最后一丝希望。

"哈哈！"笑一笑吧，我的朋友，别忧伤，它会让我们的人生更加美丽。

给坏情绪找个出口，以免泛滥成灾

近两年梁晓声有一本书比较畅销，书名是：《郁闷的中国人》，比较真实地反映了当下部分国人的状态。这种状态是上学的学生闹情绪，不认真上课；上班族闹情绪，消极怠工；婆媳闹情绪，剑拔弩张；猫猫狗狗闹情绪，总是表现出不听话；手机、电脑闹情绪，总是死机不能正常运转；男女老少都会闹情绪，有的离家出走，有的闭门睡觉……四个字"全民郁闷"。这话肯定有失偏颇，但没人敢说自己从来不闹情绪，再强大的人，即使是传说中的"铁石心肠"也有心情苦闷、不可言状的负面情绪出现。

我们强调自控力，但并非要求大家无时无刻都不能失控。坏情绪无疑是一种踢翻快乐情境的狠角色，不管是来自工作的羁绊、家庭的束缚，抑或是爱情的纷扰，甚至因为一时走进了思考的死角与烦恼的胡同，那种堵在胸口的郁闷与放不开，就是有办法让人一整天都浸泡在心情的苦海里，湿哒哒地沾满了泪水与辛酸，连一声哀嚎都没人理会。

我们是快乐，还是忧愁？如果仅仅能从五官表情的喜怒哀乐中找到答案也就罢了，但是偏偏有人愿意戴上面具将苦闷囤积在内心深处，惹得自己食欲不振、精神萎靡，外表佯装坚强，内心却五味杂陈。这或许能给观众一种内心强大的假象，但是苦的是自己，因为坏情绪囤积久了之后，没有及时找到宣泄的良性出口，就会在内心泛滥成灾。医学家经过研究证明：人在愤怒的情绪状态下，伴有血压升高，如果怒气能适时宣泄，紧张的情绪就可以得到放松，升高的血压也会降下来；如果怒气受到压抑，长期得不到宣泄，血压也降不下来，久而久之就有可能导致高血压。由此可见，如果坏情绪不能及时宣泄，那么后果将不堪设想。很多时候，只要把困扰我们的问题说出来，我们就会感到心情舒畅。

在哈佛，不管是教授还是学生，都十分重视对自己情绪的疏导，因为他们都深深懂得，情绪宣泄是缓解压力、保持心理平衡的重要手段。情绪应该宣泄，但要合理宣泄。

当有怒气的时候，我们要做到"四个不要"：

1. 不要把怒气压在心里，生闷气。

2. 不要把怒气发泄到别人身上，迁怒于人，找替罪羊。

3. 不要把怒气发泄到自己身上，如打自己耳光、咒骂自己，甚至选择自残的方式来自我惩罚。

4. 不要大叫大闹、摔东西，以过于强烈的方式把怒气发泄出去。

这些做法不但于事无补，反而会使问题进一步恶化，给自己带来更大的伤害。我们可以选择更科学的情绪宣泄方式：

1. 纵情大哭宣泄法

"男儿有泪不轻弹"，的确有骨气，但不利于身体的健康。有益于身心的做法是：当哭则哭，当讲则讲，该发泄就发泄，坏情绪宜疏不宜堵。哭可以帮助我们缓解紧张的情绪、内心的抑郁与烦恼，还可以促进生理上的新陈代谢。生物学家研究得知，我们在悲伤时不哭出来是有害健康的，我们在流泪时可以把体内因紧张而产生的化学物质排出体外，可以缓解我们的忧愁和悲伤。

2. 说和写出来宣泄法

可以把自己的心事向好朋友、好伙伴或者向自己的老师倾诉。无论怎样，我们都会发现倾诉之后自己的心情会变得异常舒畅。正印证了那句话："快乐有人分享，是更大的快乐；痛苦有人分担，可以减轻痛苦。"

如果有什么不便说出来的烦恼，就可以通过写日记的方法，把这些心事一一写出来，心里就会感觉轻松一些。我们可以学习一下美国总统林肯，把不满的情绪尽情地写出来，想怎么说就怎么说，怎么解气就怎么骂，但是写完后，要一把火烧掉，我们会发现此时我们的坏情绪已经烟消云散了。

无独有偶，在我国古代，有许多人在遭遇不幸时，常常有感赋诗，实际上这也是一种让情绪得到正常宣泄的方式。

3. 比较方式宣泄法

比较法的原则就是想想比我们更难过的人，想想自己所拥有的。矛盾论指出，任何事物都是在对立中存在，在斗争中发展。这里的对立就是比较，比如当我们面对挫折、面对挑战，对自己感到心灰意冷的时候，我们就会自言自语："这个世界上，还有比这更糟糕的吗？"

这个问题有可能会引领我们走向消极的情绪，但是它也绝对能将我们迅速地引导到一种小孩撒娇式的"可怜，可怜我吧……"的态度上。这个问题可以使我们从一种狭隘的、自我中心主义的角度转变到一种比较开阔的视野，能够帮助我们尽快渡过难关。当然，如果这种方式还是不能阻止我们不断地拿自己和别人进行消极的比较的话，那么我们应该放弃所有的比较。

4. 环境调节宣泄法

客观环境对人的情绪起到重要的影响和制约作用。当我们受到不良情绪的压抑时，可以到风景秀丽的公园散散心，大自然的美景、绿色的世界、蓬勃的生机都能旷达胸怀，欢娱身心，使我们忘却烦恼，消除精神上的紧张和压抑之感。

5. 剧烈活动宣泄法

当我们不愉快时，可以干些体力活，也可以到操场上跑几圈，把因不良情绪积蓄的能量释放出来。当我们累得满头大汗、气喘吁吁时，我们会感到筋疲力尽，这时我们不愉快的心情会基本平静下来，郁积的怒气也会消失一大半。

如果我们喜欢运动，可以在生气和郁闷的时候拼命跑步、使劲打球、打沙袋——把气我们的人想象成沙袋。我们也可以到歌厅里吼几嗓子，我们不快的情绪就会随着我们的歌声冲上云霄。

6. 目标转换宣泄法

我们一旦陷入忧郁、焦虑等不良情绪而不能自拔时，就要改变一下自己注意的目标，使引起消极情绪的兴奋点暂时被压抑，从而及时激发积极愉快的情绪。具体的做法是把使我们不顺心的事放下，去做喜欢的事，以度过情绪的低落期。

目标转移法相当多，前面说到的一些方法也属于这个范畴。去找些乐子，如打游戏、体验活动等。对女孩来说，有一个立竿见影的方法——"疯狂购物"，这种方法比较有效，但是成本太高，建议经济条件不允许的朋友们不要采用。

7. 语言暗示宣泄法

语言暗示对人的心理和行为有奇妙的作用。当我们被不良情绪控制的时候，可以通过语言的暗示作用来调节和放松心里的紧张状态。当你有较多的烦恼时，可以用"不要急，安下心来就会好"的语言鼓励和安慰自己。

譬如，有件事没有做成功，可以这样暗示自己：任何事情不可能总是能成功。通过这样的自我暗示给自己一些慰藉，能够消除心里的挫败感，给自己一个可以继续前行的动力。

沮丧的时候，就请放下任何坚强的伪装，对自己多一些宠爱，找回那个阳光无限的自己。

坏情绪能传染，当心它伤人伤己

在生活中，我们难免会产生压抑感。有压抑感时要马上发泄，但要有一个前提，记住一定要尊重别人，不要因为我们的发泄而连累他人、伤及别人，在心理学上这叫作不要"踢猫"。千万不要掉到踢猫陷阱，否则对自己、对他人、对团队、对公司均会产生无法估量的后果，甚至会令自己悔恨终生！

那什么是不要"踢猫"呢？就是不要对无辜者大动肝火，发出攻击性。关于"踢猫"有这样一个故事：

某公司的老总一大早因一些小事和老婆吵架，赌气上班，坐到办公室里正考虑老婆给自己带来的不爽。恰好有一位业务主管前来汇报工作，老总气急败坏，极不耐烦地说："这点事你们都解决不了。我要你们干嘛？要你们干嘛？"

这位主管碰了一鼻子灰，悻悻地回到了办公室，正考虑着老总的态度给自己带来的无名火。这时，主管手下的一位办公室主任有事来请示，主管正怒火中烧，极不耐烦地说："这种事情怎么还来找我解决？你们自己怎么就不多动动脑子呢？你们自己想辙去！"

这位办公室主任碰了钉子，感觉很委屈、很沮丧。下班回到家刚坐下，儿子在沙发上跳来跳去闹着让他讲故事，他气呼呼地说："讲什么讲？一边儿呆着去！让我清静会儿！"

儿子被爸爸的无名火搞得很郁闷，一脸不高兴，正想灰溜溜地走开，却被自己一向很宠爱的小猫绊了一下。这时，儿子正窝着火气没处发，冲着小猫就是狠狠地一脚，"真讨厌，没看我正心烦吗？叫什么叫？滚一边儿去！"

父亲在公司遭到了老板的无端批评，回到家就把让他讲故事的孩子臭骂了一顿。孩子心里正窝火，狠狠踹了身边打滚的猫。这时猫逃到街上，正好一辆卡车疾驶而来，司机赶紧避让，却把路边的孩子给撞伤了。

这就是心理学上著名的"踢猫效应"，描绘的是一种典型的坏情绪的一再传染。

对家庭来说，要走出"踢猫陷阱"

试举一个简单的例子。心理不愉快，妻子唠叨一番，引来丈夫一顿大吼。接着，妻子又以消极不配合的方式进行对抗，把自己的不快又传递给丈夫，丈夫更是火冒三丈，然后就是一场夫妻大战，一次次战斗中矛盾不断升级，导致家庭极不和睦。

在家庭中，"踢猫效应"是造成家庭矛盾甚至家庭破裂的一大杀手。如果夫妻双方都不把自己的不快发泄到对方身上，而转移自己的注意力，能够自行消化，这样我们的家庭始终会充满阳光，回到家里总能感受到温暖。另外，可以寻找一些比较文明健康的方式，比如：听听音乐，锻炼锻炼……既有利于身心健康，又促进了家庭和谐。

对个人来说，要走出"踢猫陷阱"

事实上，对别人发泄怒火，别人往往也会回馈以怒火。多年以前，我听过一个小故事。

在有一面平面镜的房间里，一条小狗面对这面镜子，镜子里也有一条一模一样的小狗。它开心热情地跟那只小狗打招呼，那只小狗也跟它打招呼，然后它又对着那只小狗摆出自己认为很棒的姿势，结果对方也摆出这种姿势。它不开心了，因为只有它俩玩耍，再没有别的更好玩的事情了。它开始呲牙咧嘴、恼羞成怒，结果对方也是这样。

小狗索性跑出了这个房间，暴怒地跑到另一个满屋都是平面镜的房间，它发现有很多狗都暴怒地看着自己，最后它疯掉了。

在生活、工作中，很多人往往都会把自己所犯的错误归咎于别人，或者把自己所受的气无端地撒给别人。慢慢地，周围的人都会远离他，久而久之他遇到的困难也会越来越多，但他也会继续跟其他人生气、闹意见，最后几十年都难见一笑，结果问题得不到根本的解决，自己也怏怏终日。其实，我们要转变态度，永远不要踢猫，对别人友善，自然会得到更多的帮助，问题也能得到彻底的解决。不是说"予人玫瑰，手有余香"吗？

对领导来说，要走出"踢猫陷阱"

大家知道，孤雁难飞。人都生活在集体之中，过着群居生活。每个社会人都需要面对其他人，领导者在领导一个单位的时候更是如此。作为领导，如果无缘无故地被人丢了一个包袱，当然就要想办法甩掉它，而最简单最直接的办法就是把它甩给自己的下属，而下属只能再甩给自己的下属，这股无名之火就这样传来传去了。

一旦形成这种风气，如果没有有效地引导发泄，最后会导致所有下属都带着情绪甚至敌意开展工作，工作成绩平平，整个团队的成绩也不会太高，一旦上级追究下来，这位领导的心情和待遇、在整个系统的地位都会直线下降。

　　作为领导者，一旦遇到挫折或不顺心的事就拿下属当出气筒，这的确是极端错误的做法。这样的领导者即使事业上偶然取得了一点儿成绩，也很难获得真正的成功。

　　在现实生活中，类似"踢猫效应"的现象确实时有发生。在现代社会中，生活节奏越来越快，工作压力越来越大，竞争越来越激烈。这种情形很容易导致我们情绪的不稳定，一丁点儿不如意就会使自己变得烦恼、愤怒，如果不能及时调整发泄这种消极因素，终会带给自己负面影响，就会自觉不自觉地加入到"踢猫"的行列中——被别人"踢"或者去"踢"别人。

　　千万不要掉进踢猫陷阱，我们要谨记！

战胜不了羞怯，羞怯就会成为成长中的侮辱

美国著名心理学家卡耐基研究发现，世界上根本就不存在生来就胆小怕事、羞怯避人、一见生人就脸红的人。这些心理异常现象都是我们在后天的成长过程中，因某种经历而诱发形成的。既然是后天产生的，那就能有效地克服。他同时指出："世界上根本没有一点都不胆怯、害羞和脸红的人，当然也包括我自己。人人都有，只不过程度不同、持续的时间长短不同而已。"

胆怯、害羞和脸红的人往往都对人际关系敏感，也就是我们说的"脸皮薄"有密切关系。从心理学上讲，这类人往往太在意别人对自己怎么看，对自己缺少应有的自信力，不敢当众表达自己的感受，不仅自己活得累，而且让别人感到非常不舒服。

在我们的正常交际过程中，都会不同程度地表现出害羞与胆怯的心理障碍。为了克服、战胜羞怯心理，我们必须从这几个方面努力。

1. 查找羞怯的原因，增强克服羞怯的自信心

了解自己产生羞怯的原因，是我们战胜羞怯心理的根本前提。专家指出，一个人产生羞怯心理的原因往往是多方面的，比如：先天的智力、性格、气质问题等，还有众多客观因素造成的，如自身所受的家庭教育，个人学习生活的种种经历，与同学交往的深浅程度，受教师教育的影响等。

我们应认真剖析自己、清楚了解自己、真正认识自己，从而找到形

成羞怯心理障碍的真正原因，再进一步有意识、有针对性地进行克服。这样每排除一个障碍，我们就能增加一份自信。

2. 自我减压，尽量让自己处于松弛状态

处于松弛状态对羞怯者来说是克服羞怯的最关键的因素。当我们在与人交往的过程中感觉羞怯或者紧张时，应尽量用开玩笑或幽默性的语言来自我解脱；当我们紧张脸红时，应尽量忘却它，不要总是担心别人是否在意，其实很多人都会遇到这种情况，但是会很快就消失的；当我们受到别人的批评指责时，更不要过分担心与害怕，要抱着"有则改之，无则加勉"的积极态度，应正确地理解人人都有失误的时候。

在平时的生活中遇事要善于把紧张的情绪一步步放松下来，做好自我的减压工作，尽量处于放松状态，这也是克服羞怯的有效办法之一。

3. 广交朋友，养成良好的交际习惯

广交朋友，择其善者而从之，其不善者而改之。在生活中，不能只限于与个别要好的同学、同事交往，仅仅在狭小的交际圈内进行活动，而要不断锻炼自己与不同性格、不同气质、不同年龄段的人打交道、交朋友，要学会主动向平时虽然见面却交谈不多的人问好，要学会主动在集会或聚会的间隙与周围的人有意地攀谈，从而养成良好的交际习惯，逐渐消除那种羞怯胆小的心理。

4. 积极鼓起勇气，主动迈出交际的第一步

羞怯心理几乎人人皆有，并非我们某些人的专利，只是每个人羞怯的程度不同而已。当我们感到有些羞怯时，应想到羞怯并不等于一定会失败。当然无数事实早已证明，胜利者往往只是比失败者多了一份勇气罢了。

因此，我们遇事时要鼓足勇气，首先要积极主动地迈出第一步，这样我们才会由衷地感到羞怯并不是真的很可怕，我们会在通向成功的交际交往中受到一些鼓舞。实践证明，当我们大胆地与他人进行正常的交

往时，我们会发现此时所面对的一切境况都要比原来想象的情况更简单、更容易许多。

5. 有备而来，充分强化讲话技巧

不难发现，羞怯心理往往出现在大庭广众或者是热闹非凡的聚会中与人交谈时。独自一个人自言自语或在自己父母或家人面前讲话时，根本不存在这种心理负担。因此，我们要在各种场合发言时，要有充分的心理准备，甚至是自言自语，要不厌其烦地进行反复练习，这样才能做到临场不惧、自如应付，不至于产生紧张和胆怯的心理。

即使第一次第二次不是太成功，我们就把它当作今后成功的垫脚石，大家都知道"失败是成功之母"。这样，我们就能渐渐地克服羞怯感，逐渐能比较大方自如地与他人进行正常的交谈。

6. 相信自己行，不要为自己退缩找借口

俗语说得好，自信是人生中无与伦比的财富，是事业成功的坚实基础。我们在正常的交际交往中不要因为一时的不成功，总是否定自己，不要总是拿别人的长处与自己的短处比，从而产生自卑胆怯的心理，不要总是为自己不善讲话、不愿主动行动找一些借口。相反，我们要时时鼓励自己、肯定自己，时刻保持清醒的头脑，切实增强自信心，相信自己的言行一定能给别人带来启迪和帮助。

7. 从容自如，善于运用"微笑"的武器

人际交往中的仪容、仪表、仪态，最具有魅力的当然还是微笑。微笑是友善的真情表白，自信十足的直接反映。当我们第一次进入比较陌生的社交场合时，总会自然不自然地感到一阵羞怯，这时用微笑就能使我们摆脱窘境，从容自如地与他人进行正常的交流和交往。

8. 毛遂自荐，积极推销表现自己

大家都知道，关键时刻最能锻炼人、最能考验人。羞怯心理比较严重的人常常在关键时刻不能把自己的能力充分展现和有效发挥出来。因此，我们一定要在关键时刻学会推销突显自己，积极锻炼提升自己的能力，例如：主动报名充当会议或节目的主持人，充分利用这些机会主动表现自己，鼓励自己去办事、办好事，让那些不了解我们，甚至是瞧不起我们的人刮目相看。

克服交际中羞怯心理的方法多种多样，但也不是固定不变的，我们要在自己的交际实践中不断积累，善于总结成功的经验和方法，增强我们的自信心，以期取得一个又一个成功。

规律作息带来积极情绪

俗话说得好，早睡早起身体好。现代科学研究表明，规律作息能够带来积极情绪，确实有益身心健康。我们必须培养积极的心态，做情绪的主宰，驾驭和把握自己的前进方向，使我们的生命为自己的理想提供保障。没有积极健康的心态就无法成就大事。记住：我们的心态是我们，而且只有我们，唯一能够完全掌握的东西，要学着控制自己的情绪，并且利用积极的心态来调节情绪，超越自己，走向成功！

在生活中，培养积极的情绪非常重要。我们要从以下几个方面入手：

1. 规律作息，选择积极情绪，积极影响他人

情绪选择就是为应对不同的境遇培养最理想、最积极的情绪，以便进入最佳状态，获得最佳成果。研究表明，规律作息的人对情绪的选择可以达到约 90% 左右，也就是说，如果我们富有饱满的精力，而且情商能力足够成熟的话，情绪选择在绝大多数情况下是可以被控制的，唯有情绪产生的那一时刻，也就是短短的 6 秒钟之前，不在我们的选择之中（6 秒钟前由我们自身的生理化学反应直接决定）。

我们既可以选择忧心忡忡，也可以选择乐观思考，优劣情绪转换的时间仅仅需要 6 秒钟。选择情绪的关键是有意识、有目的地保证自己头脑清醒、精力集中、反应敏捷，并且用这种行为方式积极地影响他人。没有规律的作息，要做到这一切只是妄想。

2. 规律作息，培养乐观思维，便于大家接受

一个生活无节制、作息无规律的人，要么是整天兴高采烈，要么是愁眉苦脸。他怎么懂得乐观思维呢？乐观思维就是指规律作息的人在任何情绪状态下，都可以自主地使用乐观思维进行思考，从而运用乐观情绪引导乐观的行动。几乎在所有的行业中，乐观都意味着有更高的成功率。"一见你就笑"，我们自然也应该回以一个微笑。况且，我们都喜欢乐观大方的人，因为我们都喜欢他们那种积极的态度和百折不挠的精神，他们自然而然也能建立广泛的人际关系，既可以左右逢源，便于大家接受，又能更容易积极地影响别人。

3. 规律作息，面带微笑，积极提升自身素质

如果让一个整天沮丧着脸、愁容满面、精神萎靡的人面带微笑，那么他们表现出来的只能是苦笑，就像哈哈镜中的形象。据美国芝加哥《医学生活周报》报道，美国的不少大型医院和心理诊所都已经开始雇用"幽默护士"，她们精力充足，陪同重病患者，一起看幽默漫画，一起谈笑风生，以此作为心理治疗的重要方法之一。正是这种幽默与笑声，帮助不少重病患者或者情绪有障碍的人解除了烦恼与痛苦，从而提高了医疗效果。

4. 规律作息，强化情绪，获得积极表现

著名心理学家艾克曼的最新研究表明，一个人如果总是想象自己进入了某种情境，并总是感受到某种情绪时，那么这种情绪往往十之八九真的就会很快到来。当然，这一点还要归功于规律作息。

美国一著名广告公司的部门经理弗雷德工作一向非常出色，成绩非凡。有一天，他不知什么原因突然感觉心情很差，但是这天他还要按预定计划工作。他想今天还要在开会时和客户见面谈话，绝对不能情绪低落、萎靡不振，否则会对生意不利。

于是，他在会议上仍然像往常一样，还是那么笑容可掬、谈笑风生，虽然他是装作心情愉快、和蔼可亲的模样。但令人惊奇的是，正是他的这种心情"装扮"给自己带来了意想不到的结果——随后不久，他发现自己不再那么抑郁不振了，而变得精神饱满、热情洋溢。

装出某种心情，模仿某种心情，往往就能帮助我们真的变成这种心情。我们往往对生活充满希望，寄寓美好的理想，但事实上失望也是生活中常见的现象，我们要尽快战胜失望的情绪，走向健康的天地。

我们要牢记爱迪生的名言："失败也是必须的，它和成功对我同样富有价值。"失败是一种"强烈刺激"，对有志者来说，往往会产生一蹶奋起的反应。失败并不可怕，面对失败仍要信心百倍，需要冷静不能失望，而是找出问题的症结，东山再起，誓师成功。

我们要脚踏实地地追求奋斗目标。如果我们对外语一窍不通，却期望自己很快当上外文小说的翻译家，那岂不是妄想？有些人平时学习不下功夫，成绩平平，却想进重点大学深造，结果难免令人失望。事情的发展结局同我们原先的期望不符，一般期望值越是过高，失望越是沉重。我们应该量力而行，追求与自己能力相当的目标。

当然，有时候目标虽然同自己的能力大小较符合，但由于客观条件的限制，也会招致失望的情绪。这时我们更应注意调整期待值，从而减少失望情绪。比如：我们参加评职称，或许我们的实际能力已经达到某个职称的水平，但由于某项职称的人数比例非常有限，结果没有评上。这时需要调整自己的期望值，使之与实际相符，这样就能很快克服失望的情绪。

我们的期望应该具有灵活性。生活中，期望应该不只是一个点，而应该是一条线、一个面。这样的话，一旦遇到事与愿违的情况，我们就有思想准备，抛却原来的想法，积极追求新的目标。当然，这不等于"见异思迁"。比如：我们去剧场听音乐会，我们原先以为自己喜爱的歌唱家会参加演出，但不巧他（她）有病不能演出，我们当时会感到无比失望。如果我们这时将期望的目光投向其他歌唱家，我们就会放弃失望的情绪，逐渐沉浸在艺术之美中，内心仍然充满喜悦。

世界上当然有一帆风顺的"幸运儿"，但少之又少，而更多的人是命运多舛、历尽千辛万苦的奋斗者。爱迪生发明灯泡先后试验了一万多次，毫无疑问，其间至少也失败了一万多次。一句话，提高克服失望情绪的能力，切实注意规律作息不失为有效的方法之一。

04
每天和内心的自己好好聊聊

我们经常说，我们的内心像另一个自己，其实这个自己有时候却像个不听话的小孩。他的不听话表现在羞涩、多疑、恐惧、无理取闹、无所适从……他基本具备全部的人性负能量。因此，我们需要像温度计精准地反映气温那样，把准他的脾气，每天和他好好沟通，让他好好调整，充满正能量。如果我们控制不了这个小孩，他就会反过来控制我们，因为他是我们的内心，是我们一切事业与成功的主宰。

发掘自我：每个人一生的必修课

俗话说得好，人贵有自知之明。

古希腊犬儒学派创始人安提司泰尼在别人提问"你从哲学中获得了什么呢？"时，他自豪地回答："我发现了自己的能力。"

正是由于我们具有发现自己的这种能力，才使我们的思想和情感有了向高尚和纯粹境界提升的可能。如果我们缺乏发现和认识自己的能力，也就是说缺乏对自己的观察、审视、怀疑、思考、反省、认可、忏悔的能力，缺乏深入探究事物真相、本质和规律的能力，我们便会被自己的一些假象蒙蔽，糊里糊涂地虚耗和损害自己的生命，甚至给他人、集体和社会带来一系列的伤害。

孤独一生的"存在哲学"之父、后精神分析大师克尔·凯郭尔，也是善于发现自己的人。生前，他为了整个世界能得以解放，引起了不少当权者的敌视和厌弃。他的一生，除了向整个世界的虚伪和庸俗宣战之外，就是时常回到自己的内心，不厌其烦地与自己进行对话。

他的一生，几乎天天都在同自己对话。然而，正是这个"真正的自修者"，这个几乎与人类社会格格不入的"例外者"、"异端"，充满极度绝望和激情的自我倾诉在许多年后震撼了人类的精神。

伟大的诗人都非常善于发现他们自己。因为只有善于发现自己内心，这些诗才更具真实性，更有穿透事物的尖锐性。请看里尔克最辉煌的作品：不和任何人见面，除了自我对话之外，绝对不开口——这的确是我立下的誓言。

"对自己内心谈话"，就是写诗。在同自己对话的过程中，诗人把自己在生命冲突中的体验精确地呈现出来，从而让我们看到了生存的骄傲与陷阱、灵魂的高尚与锯齿、信念的坚强与血痕，以及万物的幸福与疼痛。

由此看来，如果说发现自己，既是一种能力和智慧，又是一种德行和境界的话，积极的自我对话将帮助我们实现更美好的人生。

世界著名大文学家莎士比亚曾说："事情是没有好坏之分的，全看你怎么去想它。"中国古代"塞翁失马"的故事，也正说明了这一点。这要求我们要进行自我对话。那么应该怎样进行自我对话呢？

以主动取代被动。生活中有不少人整天重复"我不得不做"这样的话，会给我们一种犹豫感和受害感。我们要用主动取代被动，用"我选择做"取代"我不得不做"，我们感到不再是有责任，而是我们的爱好，我们主动去做。马上选择工作，就意味着自己拥有高效者的选择式、力量式的态度。

变"我必须完成"为"我什么时候开始"。"我什么时候开始"是高效者的一条警句。当我们不能从现在开始的时候，"我下一次能从什么时候开始"这样的问法，能让我们准备好在此随时出发，让我们能清楚地看到，我们将在什么时候、什么地点、以什么事情作为开始。

用"我可以走出一小步"取代"实现恢弘的理想"。当一个大的项目向我们压顶而来感到无所适从的时候，试着提醒自己："我可以走出一小步。现在，我所需要做的就是这一小步。"相信我们不可能一下子就建起一座大厦，我们不可能马上就写出一本完整的书。是的，不积跬步无以至千里，不积小流无以成江海。

我们的生活似乎是被一些负面的事件所充斥所环绕。所有的媒体都充满了负面和感伤的故事或氛围。我们周边朋友所讨论的内容大都围绕着诸多的问题、是非观念、思念忧虑及对未来的种种不确定。我们和客户讨论的话题，也不外乎生活窘迫和企业状况的不良而无法购买我们的产品和服务。

我们一不小心就会陷入习惯性的一系列的负面思考。我们会一开始先看到事情的负面、反面，再看到正面、积极的因素。我们会一开始先去意识到玻璃杯里有一半是空的，而没看到另一半却是满的。我们偏向负面、消极思考的心态是一种很自然而然的倾向。

冷静下来，审视一下自己，我们可能会发现自己总是在谈论那些让我们生气、让我们受委屈的人。我们一再担心自己的财务状况，本身的欠缺问题及恐惧程度。即使并非故意要如此，但我们会发展出一种负面的态度。

这种态度会直接影响我们的个性，从而影响我们的实际业绩。我们会慢慢地变成一种很消极、怀疑而且愤世嫉俗的人，而且因为我们周边的人都有大致相同的想法，我们就自然而然地有一种错觉，认为"这世界本该如此"。但是，我们可以采取控制内心对话及进行积极的自我对话方式来对抗这种负面的倾向。

我们完全有能力决定自己要以怎样的方式去跟自己说话，进而控制自己的思想和情绪。正是这个决定可以控制内心对话的行动，将带给我们乐观的感觉与个人的积极力量。

在日常生活中，我们的自我肯定对话往往会带来异常惊人的效果。我们只要对自己再肯定，热忱且坚定地对自己说："我喜欢我自己"、"我相信我自己"和"我热爱我的工作"等，我们就会把这个想法深深植入自己的潜意识中。

我们将会感觉更肯定乐观，将更能控制自己的生活，我们对未来更加充满信心。当我们说服自己是一位"最杰出的人士"时，我们的谈吐、举止都会开始与这样的想法相符合。

我们若对自己的感觉不好，整天自寻烦恼的话，我们就无法真正对自己说出"我喜欢自己"、"我相信自己"。无论周围的环境怎样改变，我们越是说"我喜欢自己"、"我相信自己"，我们就会真的越来越喜欢、尊敬并相信自己。我们的心情会更快乐、更积极、更乐观，每一个新的尝试我们都会表现得更好。

生活中，大家一起拉家常，基本上都能够滔滔不绝。一旦要上台，往往不少人就会表现得胆小怯懦，紧张异常，语无伦次，词不达意。即使是经验丰富的世界著名影帝安东尼·霍普金斯，也承认每次上台前都会紧张。但在上台之前，他总是不断地告诉自己："我很高兴站在这个舞台上；我很高兴与这些观众见面；我很高兴对这些观众讲这一番话；我自认为很有兴趣，而且非常有把握征服观众。"自我对话后，心情便会放松很多。

这种方法同样适用于我们的负面情绪产生时，生气、挫折也好，沮丧、悲伤、羞愧也罢，都可以进行自我对话来改变固有的想法，从而振作精神。

当担心自己做不好、怀疑自己的能力、没有信心承担时，请不断提醒我们自己："这件事其实并没有什么了不起，别人做得到，我一定也做得到。相信自己，一定可以！"结果我们会发现，果然效率骤增。

当我们脾气不好时，不妨常在心中默念："我一定能控制自己的情绪，我不会乱发脾气。"长此以往，我们的脾气会大有改善。

积极发现另一个自己，积极进行自我对话，积极面对现实、勇于担当，我们的生活会变得更加美好！

不懂自我定位的职场生涯必败无疑

　　无数事例表明，一个人不管有多么聪明、多么能干，也不管背景条件有多么好、综合实力有多么强，如果不懂如何做人、如何做事，不懂如何包装自己、设计好自我形象，不懂打造良好的自我角色，那么他最终的结局肯定是失败无疑。

　　还记得第一次求职面试的情景。用人单位的考官看了我半天，我感觉他们颇有用意地问了我一句："你确信你是这份简历的本人吗？"我喜出望外，这下有希望了，就使劲地点了点头，响亮地作以回答，并想着有可能问到的其他问题。

　　但是万万没想到考官再也没有发问，只是客气道，"我们研究研究再说吧，你回去等通知就行了。"而直到今天，我也没有等到那家单位的消息。回去后，我把自己的面试经历和疑问告诉我的死党，他们都笑着说："哥们，你要真的照照镜子看看，你哪有一点职业男的味道，就你这身装扮当白领肯定是没戏了，当个跑信的还差不多。"

　　我陷入了沉思。照镜子时，我的耳边不停地回响着那句话："你确信你是这份简历的本人吗？"是啊，我简历中那耀眼的荣誉、那骄人的成绩，应该说是众多毕业生、应聘者中鲜有的，再加上那刚劲有力的字体、优美流畅的文笔，更是每一个用人单位看后都会欣喜若狂的。但是，我为什么就不能成功应聘呢？相信不少人都会有和我一样的经历和疑问。因为我这份简历有假，因为我没有一个良好的形象和外表与简历相符，在他们看来，仅仅因为一个外部形象，导致我与第一次面试成功失之交臂。

如果说直到今天我们还认为形象只是个人问题或者小问题，那么我们只能距离成功越来越远了。看一看，问一问，在职场中打拼的亲朋好友都会语重心长、颇有感慨地告诉我们，为自己塑造一个成功的、符合角色的良好职业形象至关重要。

作为一名新员工，如何快速融入团队、集体中，形成自己的影响力，这就是一个自我角色的问题。

1. 要明白自己在团队里的角色定位

作为一个新员工，刚进入一个新环境时，常会对新单位持一种审慎的态度，往往把自己当作局外人。有这种想法的人常常需要一个漫长的磨合期和过渡期。但是，作为一名新员工，从进入单位的第一天起，就应该把自己当作单位的一个分子，把自己当作单位的主人，树立与单位荣辱与共的意识。单位优越的方面，我们积极宣传、热情拥护；单位欠缺的方面，我们要以主人翁的姿态负责任地去完善和改变，积极献计献策。

2. 要换位思考，分析领导对自己有什么需求和期望

针对自己的岗位，站在单位领导者的角度，思考对员工有什么具体的要求。从这个意义上说，要多问自己几个为什么：单位为什么要招聘我？单位和上级领导需要我做什么？目前在这个岗位上最需要解决哪些问题？我能做哪些呢？除了完成本职工作外，我还能为领导分担哪些工作？

如果我们能把这些问题都分析透彻，那么我们一定能在工作中很快找到主人翁的感觉，也一定会很快赢得上级领导的认可。千万不能成为领导的包袱，整天需要领导不断地开导你、安排你、指挥你，整天需要对你所做的事进行善后处理。

3. 以积极开放的心态，主动与相关人员积极沟通

历史经验多次告诉我们，被动只能挨批、挨打，被动常常遭致祸患，主动才能掌握先机，主动才能为致胜获得积极因素。90%以上的误会都是因不沟通或者沟通不彻底产生的。尤其是新员工刚进入单位的时候，彼此都不了解，所以，我们非常有必要主动出击，去感受单位的文化氛围，感受领导的管理风格，了解单位各个部门的职责和流程。

4. 坚定自己的选择，不要轻易说"不"

新上岗的员工在试用期内，常常抱有一种"东家不行换西家"、"南家不行去北家"的不坚定的想法，稍遇挫折，动辄说不，甚者就会放弃不为。我在做面试主考官时，经常对应聘者说的一句话是："在决定之前可以多加选择，一旦选择之后就要坚定执着。因为既然我们做出了选择，就一定要付出必要的代价；既然我们付出了代价，我们就要坚定自己的选择"。

5. 积极树立良好的职业道德

通俗地说，就是"要对得起这份工资"，绝不要因为领导没有要求我、没有安排我，自己就一天天无所事事、得过且过，应该每天都让自己过得充实些，没事也要找事做。千万不要有"混工资"、"混日子"的懒惰想法。我们要把工作当作一项事业来做，总是要兢兢业业，总是要任劳任怨，总是要精益求精。

6. 低调做人，高调做事，打造良好的职业素养

打造良好的职业素养，这是一个新员工在企业立足的根本。进入一个新环境后，我们或多或少会发现一些问题。面对问题时，作为新员工，我们是"只说不做"、"说了再做"、"做了再说"，还是"做了也不说"呢？我想在这四种做法中，最不受欢迎的是"只说不做"，最让人敬佩的是

"做了也不说"。这种人往往就是大智若愚的人，因为成绩做了跑不了。一个优秀的人，一定也是解决问题的高手。所以，作为新员工，在我们提出问题的同时，最好也附上自己解决这一问题的方案。打造职业角色是这样，打造自我角色也是如此。

在这里和大家分享一句话："不断实现自我、超越自我，才是人生的真谛！"人在这个世界上，消极地活着也是一生，积极地活着也是一辈子，何不积极地、潇洒地走一回！

看清恐惧的根源，它没有想象的那样可怕

电视电影镜头中，不乏革命志士面对敌人的严刑拷打总是临危不惧、视死如归；相反也有一些意志薄弱者，面对淫威酷刑，恐惧不已，索性屈膝投降。在生活中，同样是一些场景，不少人难免会产生恐惧感，但是也有人不会恐惧。这是为什么呢？

世界著名的心理学家弗洛姆曾经做过这样一个试验。他把学生们带到一个黑暗的屋子里，引导他们排着队从一条木板上逐个走过。等他们全部走过去之后，弗洛姆打开了房间里的一盏小灯，学生们这才发现房子的地面是一个很深很大的池子，令人惧怕的是池子里有一条蟒蛇，而他们刚刚走上去的木板，原来是架在池子上方的一座桥而已。

随后，弗洛姆又指示学生们再次过木桥，并明确说对通过的人给予一定的奖励。结果，这次只有三个平时胆大的同学愿意尝试。看，他们小心翼翼地移动着双脚，缓缓地从木桥上走过，心惊胆战。等到他们都通过后，弗洛姆打开了房内的大灯，学生们这时候才看到，在木桥下面其实有一道非常牢固的安全网，他们是永远都不会掉到池子里的。

弗洛姆接着又让学生们尝试着过桥，结果所有人都非常愉快非常轻松地排队走过了木桥。

教授引导学生们一块过桥，大家根本不考虑什么意外，所以不惧怕，大家都能轻松走过，但是看到蟒蛇感觉很害怕之后，第二次又让学生们尝试过桥时，胆子大一些的学生小心地走过去了。当大家看到有牢

固的安全网时，大家都能顺利地通过，这说明学生们不再因为安全问题而感到惧怕了。

专家研究表明，恐惧就是一些人对某些特定的事物表现出强烈且没有必要的害怕心理，并常伴有回避行为。究其产生的原因，常见的有以下几种：

1. 遗传因素

根据国外的调查，惧怕某种事物的人，他们的父母或同胞也具有害怕这一类事物的特征，所以，遗传因素是产生恐惧的原因之一。

2. 性格因素

一般认为有生物学上的因素，即是说容易恐惧的人性格特点常偏于高度内向，常常表现为胆小怕事、害羞及信赖性强烈，在他们的潜意识里往往很自卑。

3. 外界因素

强烈的精神刺激会诱发恐惧心理，如生活中夫妻间的分离，亲人的死亡，恶性意外事件，恐吓事件以及大多刺激性事件等。

4. 社会因素

恐惧还与生活方式、生活节奏有密切的关系。像焦虑症、抑郁症等心理疾病一样，在现代社会中恐惧心理的发生率有明显的增长势头。知识的大爆炸和信息的大量增加有时会伴有空虚和精神脆弱。

对产生恐惧心理的原因了解后，可以有效地帮助我们对恐惧这一问题有所防范，让人更明白易懂的例子就是中世纪的黑死病。

引起当时社会恐慌的原因，来自于对这种疾病的不了解，也可以说是对黑死病的一切知识的匮乏。正因为如此，对未来的不确定性就会大大增加，这种疾病能否被彻底治愈？这场瘟疫终究要持续多久？死亡的人数到底是多少？诸多问题足以引起我们的恐惧。

　　从这些宏观问题的预见到微观的问题，我们会怎么样呢？是逃过瘟疫，还是死于这场灾难？我们的未来是怎样的？这场瘟疫会给我们造成什么样的影响？当我们的知识和经验无法解释、无法描述未来的时候，便会产生恐惧的心理。

　　而恐惧藉由个人传播，一传十，十传百，最后爆发发展成恐慌。换句话来说，其实恐慌是由人的恐惧被无限放大的结果。对个人来说，由于对某件事的未知情形，这件事对未来影响的不确定性，最初可以使这个人感到疑惑，随着时间的推移，接着继续发展，由于无法解决这件事而造成恐惧的心理。

　　此刻，这还不足以使他传播恐惧，最重要的是，他的思想最后会认为，这件事他确实无能为力，实在无法解决，因此他感到无助、无奈，所以他需要别人的帮助，接着他会将这件事告知他人，假若有人可以很快解决，那么恐惧不会被无端地放大，至此终止。但假如他周围的人无法解决这个问题，恐惧就会由他个人发展到他所在的整个圈子，甚至被无限放大，直到有人可以帮助解决，直到大多数人都意识到它是可以被了解、可以被解决的，这场类似病毒传播的过程才能自然终止。

　　而这也正是20世纪的流感爆发、全球金融危机为何流行如此之久的根本原因。时至今日，令人恐惧的对象在不断变化，由于旧的被了解认识了，被彻底解决了，被完全消灭了。但是新的恐惧因素仍旧不断产生，像疾病、经济、环境、人口、教育等各种各样的问题，由于暂时没有找到更好的解决方法而被视为洪水猛兽，继而对它们产生恐惧的心理。但是有一点，随着社会的迅猛发展，教育水平的快速提高，科技水平的日益进步，使得今日的我们对恐惧的来临相比以往具有更好更大的承受力。

　　教育代替了传说，科学代替了迷信。如今虽然恐惧仍不断地出现，但是已经不能再造成大规模的恐慌了。究其原因，无疑是各种知识大量广泛的传播，使我们对未来的预见性大大增强，无论是个体还是群体，这无疑是最大的好处。虽然不知道未来的结局究竟如何，但我们毕竟可以预测它的发展过程，也就可以藉由人力来控制这一切。

或许再过几个世纪的时间，社会的发展会使人们最终战胜对未知的恐惧，因为他们了解的一切已经可以基本解释清楚这个星球的过去和未来。端正认识事物的态度，科学地认识事物的现象与本质，全面分析相关的问题，从而可以找出恐惧的原因，使我们更快地走出恐惧，过上积极健康的生活！

纠结于无法改变的事，费力不讨好

聚精会神、一心一意、专心致志，不因无法改变的事分散我们的精力，这是我们取得成功的必要条件。

弗兰克·劳埃德·赖特是 20 世纪世界上最伟大的建筑大师之一，《时代》杂志评选出的"20 世纪世界上最具影响的 100 位人物"中，他作为唯一的建筑师入围。谈及自己的成功秘诀，赖特坦言，9 岁时的一次经历帮助他树立了自己的人生哲学，并最终大获成功。

9 岁那年，赖特跟叔叔在大雪覆盖的地面上远行。在行进中，叔叔让他回头看他们留下的两串脚印。"你的脚印太弯曲了，折来折去，一会儿偏向那些树木的方向，一会儿又折到栅栏的方向，似乎忘记是在赶路。"叔叔说，"看我的脚印，走得多直，知道其中的原因吗？因为我清楚地知道，时刻不要忘记我们的目的，不要为琐事分神。我希望你一辈子也别忘了我说的这句话！""我从未敢忘记叔叔的话。"赖特说，"那时我就下决心，绝不要为琐事分神。后来，我树立了自己的理想——建筑设计。"

在漫长的职业生涯中，赖特遭遇了太多的不幸。1914 年，他在威斯康星州精心设计的建筑被一个神经病人放火烧了；1925 年，他重新设计的建筑因为漏电事故再次被烧毁。然而他非常清楚，自己来不及悲伤、来不及叹气，因为总要为自己的理想不停地做下去——他一生共做了 1100 个设计，为世界创造了不可磨灭的建筑佳作。

赖特留给后人的秘诀就是：绝不为无法改变的事情分神。人生在世，不如意者十有八九，我们永远无法控制任何一件事情，比如：挫折失败、悲欢离合、生老病死、岁月沧桑、海啸地震、疾病祸患、股市涨跌，以及各种各样不幸的降临等，但是我们始终可以选择自己的心情，积极面对一切，微笑着迎接现实。

荷兰阿姆斯特丹有一座 15 世纪的教堂遗迹，上面赫然题词："事必如此，别无选择。"当我们面对无法改变的不幸或不公时，要学会接受这个不可改变的现实，不要因其分散精力。坦然接受现实是克服任何不幸的第一步，也是必要的一步，即使我们不接受这种命运的安排，根本也不能改变分毫事实，我们唯一能改变的有且只有我们自己。

在生活中，我们常常认为是某件事引发自己产生了某种情绪，但是美国心理学家埃利斯却明确表示，是我们自己内心的观念或者是心态决定了我们的情绪，并非是某件事情。所以，我们不要把一切情绪都归因于现在的不尽人意的事件、现在的不可思议的人、现在的难以琢磨的关系。表面上看，正是这些因素决定了我们的爱恨情仇以及种种不良情绪，但实际上，导致我们负面情绪的根本原因是我们内心对事情的看法和态度，然而这完全是可以通过积极的心态去改变的。从这个意义上说，我们完全有能力控制自己的情绪。

不久前，有一位本家兄长在正常体检时，发现肺部长了一个恶性肿瘤。那几年，他承受了太多的灾难。他的母亲去世、父亲中风、兄弟因车祸去世，可能是由于过大的心理压力严重影响了他的健康。

他只比我大 1 岁，但是比我成熟许多。医生进行手术后告诉他："情况没有想象中的厉害，不需要长期痛苦的化疗。"他兴奋地告诉我，说是老天饶了他一命，让我们庆贺一下。

他仅仅有 30 多岁，看待命运竟如此坦然。当我听到他竟能这样说，是他已经认定自己到了"苦尽甘来"的时候。

我问他："为什么能够在遭遇那么多的厄运后，竟还能如此平静呢？"

他坦然地说："我的心情并不平静，我也想问问老天，为什么面对厄运的总是我呢？但是我知道，这时叫天无益，哭地无用，是我，就是轮到我了！"

他在一家投资公司工作多年，以前经历过股票突然崩盘，而且是在所有专家都看好的时候，股票却重重地跌下来。就是这重重的一跌，使他过去10年辛苦工作的积蓄化为乌有，这曾使他痛苦万分。但这毕竟是现实，逃避不了，越逃伤得越重，索性断臂杀出，剩下仅仅一点儿存款。幸亏他这样做了。

在以前看来，那是祸患，但是现在想来，那是福气。那件事使他明白，必须在最短的时间内采取果断的措施。

在生活中面对一切不幸时，唯一的办法就是选择接受现实，然后仔细想想，自己是不是有可能有能力避开这样的现实。然而人生也总是在接受现实后，才能有新的起点，才能重新开始。

一位哲人说过，"我希望拥有三种智慧：第一，努力做好自己能够改变的事情；第二，接受自己不能改变的事情，不要为了自己不能改变的事情而苦恼；第三，拥有辨别这两种事情的智慧。"人生有的时候很搞笑，有的时候也很残酷，总是充满了难以掌握的变数，并不一定总在我们的掌握之中。如果它给我们带来了欢心、带来了快乐、带来了幸福，那当然是非常美好的，我们也很容易能欣然接受、尽情拥抱。但是事情却往往并非如此，有时候甚至是悲伤，带给我们的可能是非常可怕的痛苦，如果这时我们不接受它，反而会使痛苦占据我们的心灵，那么我们的生活也会失去了阳光。

面对不可避免的无法改变的现实，诗人惠特曼这样说："让我们学着像树木一样顺其自然，面对风暴、黑夜、饥饿、意外等挫折。"这既不是逆来顺受，也不是不思进取，而是一种积极的人生态度。

　　事实上许多残酷的现实，当我们无法逃避和不能选择时，抗拒不但可能会毁掉自己的生活，而且还可能会使自己的精神遭受沉重的打击。因此，我们在无法改变不公和不幸的时候，就要学会接受它、适应它。如果我们不想被残酷的现实打败，请记住：要接受无法改变的事实，绝不要为不可改变的事实分神！

愤怒蒙蔽了双眼，激励才能永远向前

先看这样一个问题：我们之所以会愤怒，是因为我们需要别人做一些事情。首先要问问自己：我究竟希望他们做什么？我是想通过愤怒来达到什么目的呢？

不要被愤怒蒙蔽了我们的双眼，看看愤怒背后我们的那些欲望到底是什么。如果我们要和别人交朋友，而他们让我们失望了，我们就对他们大发雷霆的话，那么我们就永远失去了和他们亲近的机会。相反，如果我们说出了自己的真实感受，比如我们说："我很重视我们的友谊，但有些事情好像威胁到了我们友谊的建立，这让我感到非常失望。让我们坐下来谈谈，一起来解决这个矛盾你们看怎么样呢？"

再问一下自己："我们真的对这个人感到非常反感、非常愤怒吗？我们愤怒的原因真的是我们所说的那些原因吗？我们能不能换位思考一下呢？"思考一下，有没有这样的可能，我们之所以对他们愤怒，是因为他们老实软弱，是因为他们年轻好欺，还是因为对他们发火比较安全呢？绝对不要把谁都当作替罪羊，这样没有一点儿作用，相反只能把事情搞得更糟糕。

再反思一下自己："我们的愤怒有多少是来自于我们的基本需要和一些欲望不能得到满足？我们对全世界都有意见，都不满吗？有某人或某种情境会让我们感到深深地受伤或者无助吗？我们是要狠狠地责备这个人或者这种情境吗？我们是否感到没人关心我们、没人爱我们吗？我们感到在世界上孤零零的，感到整个世界到处都是陌生人吗？我们是否需要在自己的生活中有更多的快乐和关爱呢？"

在上述情况下，我们需要找出获得爱和快乐的方法，愤怒才能慢慢地消失。发泄愤怒只会让我们更受伤，要找到获得爱和快乐的方法，激励和自我激励不失为行之有效的好方法。激励是我们对美好事物的向往、追求和希望，它能够激发我们的力量、生发智慧、焕发斗志。如果没有激励就难以产生学习的意识，就不会有相应的学习行为和学习取得的效果。对任何一个人来说，生命都需要激励，学习更需要激励。

一位年轻的艺术家得了严重的肺炎，被医生判了死刑。正值深秋季节，她看着窗外的树叶一片一片地飘落，绝望地认为自己的病再也不会有希望了，她甚至认为视线中最后一片叶子的落下之日，也就是自己孤独死去之时。但是，那最后一片树叶在寒风中随时都有被风吹落的可能啊！

一片寒风中的树叶承载着一位艺术家的生命。她的一位好友猜出了她的心思，在寒风中画了一片永远都不会凋落的树叶。正是因为这片树叶，艺术家终于又燃起了生的希望，最后战胜了可怕的疾病。没有这片蕴涵着激励和希望的树叶，她可能很快就会被病魔夺走脆弱的生命。

这虽然只是一个故事，但是反映了激励对人的生命力所起到的巨大作用。美国著名心理学家罗森塔尔有一次到一所中学去访问，与一些同学座谈之后，就在学生的名单中胡乱地圈出了若干个名字，并且告诉他们的老师说，这些学生都极富天赋，前程不可估量（这些学生中，有尖子生，也有后进生，还有一些普普通通的学生，是随便胡乱圈出的）。听了罗森塔尔的话后，老师们提高了认识、增强了信心，学生们也产生了新的希望。一段时间过后，罗森塔尔再次回访这所中学，发现他圈名的学生的成绩全都有了很大的提高。

事实证明，罗森塔尔正是运用激励的方法唤起了学生的自信心，认为自己行，最后一定能取得明显的进步。这就是教育心理学史上著名的罗森塔尔效应。

激励的力量来源于自我奋发、积极向上的心理。如果自己否定自己，自己认为不行，根本就不可能产生力量。

有一位心理学家曾经做过这样一个实验，他对试验者进行催眠，然后对一部分人进行暗示：说他们有着非凡的力量，说他们都是大力士；同时又对另一些受试者进行相反的暗示，暗示他们疾病缠身、衰弱不堪，甚至手无缚鸡之力。在进行了两种不同的暗示后，分别对他们进行握力的测试，结果第一组的成绩非常出色，简直力大无比，而第二组的成绩十分低，而且低得可怜。

人生的成功与否，固然与外部环境的优劣有关。但是，更与自我激励有着密切的关系，与自己的成功意识也有密切的关系。科学家对创造型人才的调查和研究表明，创造型人才的一个主要特征是不惧怕失败、不迷信他人、不迷信学术权威，他们有一种强烈的自信心。

美国的心理学家们曾历时几十年进行研究，发现具有极其相似的智力、极其接近的成绩的学生，几十年后的成就会相差很多，分析其中的原因，发现不是智力的差异，而是人格特征方面的不同导致的。有成就的人大多都是坚定努力，不怕困难，不迷信权威，自信心强。正是这种自信、自励，使他们勇于实践、敢于坚持，最后获得了成功。

1944年，美国有个名叫约翰·戈达德的少年，他把一生想要干的大事做了一个计划，作为他一生的追求。他想要做的事情有：

"要到尼罗河、亚马逊河和刚果河去探险，登上珠穆朗玛峰、乞力马扎罗山和麦特荷恩山观光；体验驾驭大象、骆驼、鸵鸟和野马；探访马可波罗和亚历山大一世的足迹；主演一部与《人猿泰山》类似的电影；亲自驾驶飞行器起飞降落；饱读莎士比亚、柏拉图和亚里士多德的名著；谱写一部乐曲；写一本书；到全世界的每一个国家旅游；结婚生子；参观全球……"

每一项都编了号、排了序列，一共有 127 个目标。现在，约翰·戈达德在经历了 8 次死里逃生和难以想象的千辛万苦之后，已经完成了其中的 106 个目标。他的下一个目标是去中国旅游。

正是这种奋发积极向上的自我激励精神才使他的生命充满了力量。可见，一个人自觉地进行自我激励对其一生的影响有多么巨大。让我们谨记：少些愤怒，多些激励吧！

能包容的人，发展潜力不可估量

颜回是孔子的得意弟子。有一次，在集市上，颜回看到一个卖布的人和顾客正在吵架，买布的人大声嚷道："三八二十三，你，你怎么收我二十四块钱呢？"

颜回慌忙上前劝架，说："是三八二十四，怎么三八二十三呢？你算错了，别吵闹了。"

那人指着颜回的鼻子，气急败坏地说："你算老几？敢管我的闲事？我就听孔夫子的，咱们找他去评评理。"

颜回一听找自己的老师去评理，就非常得意地说："如果是你错了，怎么办呢？"

买布的人说："我把脑袋给你。你错了又该怎么办呢？"

颜回说："我把帽子输给你，不要了！"两个人索性去了学堂，找到了孔子。

孔子问明缘由，对颜回笑着说道："就是三八二十三吗？颜回，你输定了，把帽子给人家吧！"

颜回越想越不明白，老师一定是老糊涂了，不可理喻，只好把帽子摘下来，那人拿着帽子就高高兴兴地走了。

后来，孔子告诉百思不解的颜回说："你输了，只是输一顶帽子，本来就值不了几个钱。如果是他输了，那可是一条鲜活的人命啊！那么你说说，是帽子重要，还是人命重要呢？"

颜回恍然大悟、惭愧万分，扑通一声就跪在了孔子面前说："老师只是重大义而轻小是非，学生错了！"

这样宽广的胸怀与风度绝对不是市井争斗的小人能够具有的。明明知道对方是错的，却不争不斗反而自己认输，虽然自己吃点儿小亏，但使别人不受更大的伤害。不重视表面的输赢，而重视思想境界和做人水准的高低，其实这样的人才算是活得更潇洒。这就是"宽则得众，能下人自有志，能容人是大器"的包容精神。

我们常说，心有多大，舞台就有多大。人的胸怀是立体的，包括高度、宽度和长度，怎么解释呢？就是思想的高度、眼界的长度、胸怀的宽度。三者都必须处在一个较高的位置，这个人才有成功的可能。因此，我们的眼光、思想、胸怀到底如何，决定了我们未来的财富。如果我们还欠缺其中的一部分，那么即使有了大量的财富也只能是昙花一现。另外，要想有更大的发展，还需要具有胸怀的宽度。

著名诗人纪伯伦曾说过："一个伟大的人都有两颗心：一颗心流血，一颗心包容。"孔子为我们做出了最好的诠释：包容是一种真挚美好的情感，一种崇高无上的境界，是人性绽放的最美丽最灿烂的花朵。包容更是一种积极的人生态度，一种良好的精神品质，是摆脱许多生活困扰的秘诀。我们想要包容，就要遵守"四多法则"——多一分人情味，多一些慈悲，多一些柔声细语，多一点关注的眼神！

包容就是指能够接受来自不同人的不同的意见、不同的见解和习惯、不同的道德观等各方面的能力。包容力强，就是对社会上的各种现象有较深广的见识和较丰富的阅历，社会适应性也比较好。包容力弱，就是对社会问题的见识不够丰富，再加上性格比较直率，甚至偏激，社会适应性比较差。

由此可见，提高包容力对构建和谐社会，对增强我们的心理健康，具有非常重大的意义。我们不妨从以下几个方面着手来提升包容力。

1. 与时俱进，跟上潮流的步伐

社会总是不断进步的，文化内容逐渐丰富起来，我们过去所形成的价值观在今天看来，有的可能已经不再适用了。如果仍然因循守旧、固执己见，对新鲜的事物就可能看不惯，甚至产生反感。在生活中，有些老年人对青年人听流行歌曲、跳舞、打游戏等活动深感厌恶，甚者大发雷霆，这实际上就是包容力不强的一种具体表现。

2. 加强修养，保持身心健康

凡是包容力高的人，他们都能处变不惊、稳操胜券，他们很少有易怒、焦躁不安的情绪。因此，为了保持平和的心态，平时应该多参加有益身心健康的文体活动，多与包容力强的人交往，假日里不妨多去郊游、多读好书，这些都是提高自己修养的有效方法，同时也能增强自己的包容力。

3. 培养自己的耐心和忍耐力

包容力的提高不是短期行为，并非一日之功，它需要较长时间的耐心培养。如果只是在相对较短的时间里注意自己的言行，那么一旦遇到一些烦恼的事，又会陷入极度愤怒和仇恨的状态之中，总是烦恼不断。即使事后有所意识并悔悟，包容力也不会有任何提高。

4. 善于正确理解他人

每个人都有表述自己的思想、见解和主张的权利，我们应该充分尊重他人的这种权利，绝不要因为他人的思想与我们的不一致甚至相反而剥夺他人说话的权力。即使别人批评，我们也要正确对待。别人的批评仿佛是一面镜子，有时能反映我们自己不曾注意到的不足之处。如果把别人的建议当作耳边风，无疑是错过了改善自我的良机。我们应该坚持"有则改之，无则加勉"的原则。

5. 要对自己的偏见有防御能力

人非圣贤，人无完人。人人都可能有偏见，但并不是每个人都能及时地发现并纠正。如果总是生活在偏见的阴影里，就会像戴着有色眼镜看别人一样，包容力根本无从谈起了。

包容是一种境界。既需要拥有博大的胸怀，又需要有一种坦荡的气概。包容是一种幸福，能做到包容别人也是一种幸福，如果让别人心存感激更是一种幸福！包容是人生的财富。人生短暂、生命无常，包容他人就等于包容自己。让我们都学会包容，包容别人的过失，包容众生的错误，将是人生最大的财富！

自卑的你应找回自信的根

有一个年轻人，在去参加"自信训练课"时，他大受鼓舞，还在课堂上为自己勾画了美好的前程，并且赢得了大家的肯定和鼓励。但是回去之后，他又丧失了信心。一调查才知道，这个年轻人大学毕业后被分配到一家研究所工作，他的周围都是海归、硕士、博士，只有他一个人是本科。想想已经很不错了，即使大学本科也没有几个人能顺利进入研究所工作，他就是凭借流利的外语和扎实的翻译功底才进入了这个研究所。但是他把自己的"财富"都忽略了，一离开单位，他就信心满满，一回到单位，他就沉默自卑。但问题是，这样做比较是永无止境的，硕士上面有博士，博士上面还有研究员和院士呢！再说，这样的比较有意义吗？

自卑感是我们的一种心理情感，是一种不能自助且软弱的复杂情感。有自卑感的人特别轻视自己，认为无法与别人相比，根本就赶不上别人。

世界著名心理学家阿德勒对自卑感有特殊的解释，称其为自卑情结。他认为自卑情结一是指以一个人认为自己或自己所处的生存环境不如别人优越的自卑心理为核心的潜意识、欲望、情绪、情感所组成的一种比较复杂的心理因素，还指一个人由于客观上不能或者主观上不愿进行奋斗所说的托词。

自卑的人通常都会拿自己的缺点和别人的长处相比，总是觉得自己时时事事处处不如别人，一点儿看不到自己的价值，长此以往就会产生一种闭门谢客、与世无争，甚至悲观厌世的情绪。因为找不到自己的人生价值所在，所以容易对生活失去信心和希望，自卑严重的人甚至会产生轻生的念头，当然这样的悲剧也发生了不少。

在日常的人际交往过程中，我们应该善于以正常的、健康的心理状态与积极的精神面貌正视自己所取得的成绩和所面临的困境等，客观而准确地看待他人的能力、地位及素质。既不能因自己一时的幸运而狂妄自大、不可一世，也不要因自己一时的疏忽而悲观失望；既不能因为他人一时的落魄而门缝里瞧人，也不能因为他人的一时得意而阿谀奉承。我们应该让自己时刻保持清醒的头脑，真正做到既不卑不亢、不骄不躁，具有平衡而稳定的心理状态和精神面貌，真正做到既贫贱不移、富贵不淫，又能威武不屈，才是真境界！

自卑感往往破坏心理控制，我们要不断增强自信心，一方面要勇敢地对自己说："我能行！""其实，我能比他强更多！"另一方面要保持乐观的情绪，要有坚韧的毅力，努力用一个个小的成功给自己树立自信心，对失败进行科学全面正确的总结，然后积极改进和完善，从而克服自卑感，把自己的工作做得更好，为社会多做贡献。

在我们戴着有色眼镜去看别人时，不妨站在一面镜子前，好好地审视一下自己。其实，每个人都拥有巨大的潜能，具有自己独特的个性和长处。每个人都可以选择自己的目标，并且通过不断的努力去争取属于自己的成功。如同世界上找不到相同的两片叶子一样，我们每个人在这个世界上都是独一无二、绝无仅有的！

正面、积极地认识自己后，我们就可以借助别人剖析自己的优势到底在哪里了。这其实是一种心理干预，就是进行"优点轰炸"、"悦纳自我"等一些心理暗示，寻找对自己的积极感受。比如，当我们在一张纸上写下自己的优点和特长时，写得越多心里的危机感就会越弱，心理压力就会得到缓解，之后我们的信心就来了，"原来我还可以做这么多事情啊"的感慨油然而生，于是我们有理由相信，自己不比任何人差。

"知心姐姐"卢勤曾经写过一本书，里面说了两句话，非常好。她说："我要对天下的父母说，告诉孩子，你最棒！我要对天下的孩子说，告诉世界，我能行！"如果我们能不时地这样鼓励自己，那么无论我们身处何种境遇，都能积极地改变自己的人生。

自信时我们就是一座金矿，丰富的资源会源源不断地涌现出来。如果不自信，我们就是一座土山，即使下面埋有丰富的矿藏，也无人知晓。要始终相信，我们给自己多大希望，就可能成就多大的目标。

自信可以使在石头缝里的一颗小苗顶着巨大的压力缓慢而有力地生长起来。每一个年轻人都像那棵夹在缝隙中的小苗，千万不要低估了它的生命力，只要我们坚信自己可以长大，即使再怎样艰难，它也一定能创造奇迹。如果感觉自己做不到时，请告诉自己：我能行！告诉世界：我能行！

当心嫉妒心理诱你误入歧途

每个人都有想要成功的欲望和超过别人的冲动，这是值得肯定的，但是也容易因为赢不了对手而产生嫉妒心理。看到别人比自己好而心生怨恨，有的人甚至去破坏别人的成绩，结果往往是没有把对手怎么样，自己却要承受巨大的心理痛苦、自食恶果。

张国庆是一家公司的员工。他在这家公司已经工作将近五年了，眼看着有机会提升为公司的部门经理，但是肖赞的到来使张国庆感到了巨大的压力。

肖赞是一个名牌大学的毕业生。虽然刚刚进入这家公司才两年时间，但是无论从工作能力，还是为人处世上，都是可圈可点的。可以说，肖赞很快就成了张国庆的最强的竞争对手。果不其然，最后公司决定让张国庆和肖赞共同完成一项任务，通过成绩来决定部门经理的人选。

就在此时，张国庆心生一计，他故意破坏了肖赞电脑的硬盘，害得他把所有的资料全都丢失了，最后当然也没有完成任务。张国庆以为自己把这件事做得天衣无缝，但是在公司的监控录像里他的破坏行为被发现了，最后他不仅没有当上部门经理，而且被公司开除了。

嫉妒是指我们为竞争一定的权益、实现一定的目的，对相应竞争对手怀有的一种冷漠、贬低、排斥、反对甚至是敌视的心理状态。嫉妒是一味毒药，常常对我们实施威胁，会使我们失去理智，让我们做出错误的判断，甚至引我们走向歧途。

用一颗感恩的心来面对我们的多彩生活，微笑着迎接属于自己的痛苦和悲伤，安然接受属于我们的快乐和幸福。

我们轻轻地来到尘世，这是上天赏赐给我们的大好机会。我们本应该好好工作和学习，好好地过日子，不要嫉妒心起，不要胡思乱想，平时应该心态平和一些，一定不要与别人盲目攀比。一旦产生了嫉妒心理，就会影响我们的情绪和生活，比如：在办公室里工作，一看到同事升职了，有更好的工作环境和丰厚的报酬而嫉妒对方，自己的心里产生了极度的不平衡，因而心生邪念，背后打小报告，制造事端，给同事穿小鞋，有事没事总找些岔子，搬弄是非，造成单位内部鸡犬不宁，最后弄得同事反目成仇、矛盾重重、不欢而散。

一个人的存在，有他存在的价值，有他的本领和能耐。相信每个人都有自己的长处，都要学会取长补短，多发挥自己的长处，在骨子里要相信自己一定能成功，不要抱怨环境，不要错过机遇，确信是金子在哪里都能发光的。无论遇到什么情况，都要给自己打足气，让自己活得更精彩、更光鲜，只有这样，我们的生活才能过得越来越好，才能越来越幸福。相信上天是最公平的，它既不会对某个人太好，也不会对某个人太坏，世界上根本就没有十全十美的东西。

当我们为了某一项事业煞费心机、辛苦劳碌的时候，一般会有两种结局，要么是成功，要么是失败。即使失败了也不要太过悲伤，明天的太阳照常升起，明天仍然需要更多的努力，总有一天会成功的。

蒲松龄老先生虽然没有考上当朝的状元，但他却写出了旷世之作——《聊斋志异》，这难道不是他的成功和骄傲吗？所以，看到别人走运的时候，自己不应该去嫉妒，相反要把它当作一种激发自己奋斗的动力，好好学习和努力，积累自己，丰富自己，发展提升自己。相信终会有一天成功来敲门！或者学习唐僧，跟着他们去取真经，学其所长、克己所短，学习和揣摩别人成功的秘诀。

嫉妒是一味毒药，它常常会给我们带来不良的后果，甚至是祸患。在婚姻生活中，因为嫉妒导致家庭破裂的随处可见，给个人和家庭都带来了不可估量的伤害。比如：有的女人天生嫉妒心强，见不得人家好，一看到别人的日子过得好，不从正面积极地分析问题、解决问题，而是动起了歪脑筋，把自己装扮得和狐狸精一样，招摇过市，企图勾引别人的老公，结果导致两个家庭破裂，致使两个家庭的孩子缺爹少娘、妻离子散，而他们在一起又能怎么样呢？其实，一点也不幸福，整天生活在愧疚悔恨之中。

嫉妒是一味毒药，邻里之间也会因为嫉妒引发纠纷。比如：某邻居看到别人家有车子有房子、穿戴入时、花钱阔绰，既能呼风唤雨，又能撒豆成兵，然后自己就眼红得很，嫉妒之心油然而生。于是，心生歹念，暗地里使坏水，出坏主意，专门在人家背后煽风点火，故弄玄虚，挑唆是非，翻闲话，搞得人家鸡飞狗跳，甚至打成一团，他却躲在一旁偷着乐。

嫉妒是一味毒药，它危及我们的正常生活。有一个婆婆看到媳妇现代化的家具样样俱全，铺的盖的、穿的戴的、吃的用的，各方面都比她年轻的时候好上几百倍，和儿子的关系又特别亲热，她就嫉妒得简直要疯了。有一天，趁儿媳妇不在家，把媳妇屋子里的东西一火焚之。结果儿媳妇闹着要回娘家，要离婚，最后还是公公又花了十几万给儿媳妇置办齐全，跟儿媳妇说了多少好话才又回到家里。邻居们都笑话她不成体统，一段时间她都不敢出门。

这正是因为嫉妒导致家庭的不和谐，造成了财物的不必要损失。嫉妒就像魔鬼一样，会让人的心理变态，做出各种出格的事情，所以我们要远离嫉妒，这样才能避免给我们带来的消极影响。嫉妒是一剂毒药，在毒害别人的同时，也毒害了自己。嫉妒是一种自寻烦恼，是不快活、不积极向上的根源。

当别人做出成绩时，我们应该为之喝彩、为之高兴才对，这样才能显示出一个人应有的度量和应有的胸襟。早年，听一位长者说："如果谁在你背后放你野火，说你坏话，捣鼓你，给你使绊子，那就说明你有成就了，有名气了，走向成功了。"这或许说得不无道理，因为高尔基也曾说过："强者总是要招惹弱者的嫉妒的，但这毕竟是让人悲哀的、痛恨的。"

"铁为锈所蚀"，人之常理。可以这样说，心胸狭窄者必将被嫉妒腐蚀，也一定要付出惨痛的代价。

熟悉的地方没有风景：学会适应陌生的环境

很多的时候，我们难免会面对不熟悉的事，因为陌生，无从下手的挫败感会让我们的心感觉很累……有时甚至会陷入一种被动的局面。面对不熟悉的面孔，处理棘手的事情，就好像一个乞丐被推上了舞台的感觉一样，有的只是胆怯、自卑和屈辱。当飞鸟得到自由时，只有它知道自己得到的除了自由，还有就是更多的无奈和孤独。

世界著名军事理论家伏龙芝早就说过："坚信自己和自己的实力，这是件了不起的好事，尤其是建立在牢固的知识和成功经验基础上的自信。但如果抛开这一点，它就有可能变为高傲自大和毫无根据过分自持的危险。"

克里木战役曾经是伏龙芝留下的最辉煌的最成功的篇章之一。列宁曾这样高度评价这场战役："这次胜利是红军史上最光辉的一页。"说的是，弗兰格尔线部凭借彼列科普地峡的天然地形，特意请法国军事专家修筑了非常坚固的工事，曾经吹嘘这里是第二个凡尔登，是铜墙铁壁，是不可攻破的。但是，在战斗中伏龙芝奇兵突起，强渡锡瓦什海峡获得了成功，那原来的一切神话都不攻自破了。

伏龙芝之所以能创下战争史上的奇迹，主要是因为他已经做到了胸有成竹，知己知彼。也可以说，胜利在战前就已经深深地刻在他的脑海里了，他很好地做到了：运筹帷幄之中，决胜千里之外。

也许是因为名人留下的经典太多太多，我们似乎都有这样一种心理，就是认为所有人都是平等的，所有人都能够创造出奇迹。当然，如果在动员大会上，这种话确实非常能够提高士气。但是事实上，很多人的心里也都十分清楚，虽然动员大会能提高士气，但是一旦失利撤退时，最先逃跑的永远都是那些指挥部的人。

学会喜欢自己不熟悉的人和事。要想喜欢自己不熟悉的人和事，首先要学会与不熟悉的人进行交往。无论我们的学历是高是低，当我们离开校园、离开师长和同学，走上新的工作岗位开始进入社会时，就需要学会与人交往，就需要结交新的朋友。

与人交往是每个人健康生存的社会需要，否则就会产生一些诸如孤独、寂寞、抑郁、焦虑等一系列不良的情绪。那么怎样才能提高我们的社会交往能力呢？

1. 与其被动等待，不如主动出击

到一个新的工作环境后，见到一些新的同事，千万不能自卑退缩，更不能被动地等别人来理我们，而应该有一种积极主动"凑热闹"的态度，积极倾听，然后找机会加入同事们的活动。

2. 找到共同的话题和兴趣爱好

在人际关系中，我们可以用心观察别人共同关心的话题，随时总结他们的兴趣、爱好，自己也要学习一些常识和技巧，培养与别人共同的活动兴趣，才有可能共享快乐，这样个人的交往能力才能不断提高。

3. 形成自己的社交圈子

在和别人交往的过程中寻找价值观、生活态度较为接近的人作为朋友，逐步建立自己的社交圈子。有的人由于自身的性格问题，就是不喜欢自己周围的人，看到周围的人就反感，因看不惯别人而不愿意与他们进行交往，这样会使自己的交际圈子变得越来越窄，性格也会变得越来越孤癖。

当然，每个人都愿意成为一个让别人喜欢、愿意结交的人，然而让别人喜欢和喜欢别人是互为因果的事情。既然周围的人我们都不喜欢的话，我们一定也被周围的人讨厌，所以，改变一下策略，先学会喜欢别人，只要你善意地、真诚地、友好地去对待别人，就一定能发现别人身上所具有的魅力。

　　试着善意地欣赏别人、赞扬别人，一定会有意想不到的收获。学着去喜欢不熟悉的人和事，与大家真诚地交往，我们的生活一定会更加绚烂多彩！

发挥自我催眠的神奇力量

催眠术一直被影视描述得非常神奇，好像只要被催眠的人不管让他做什么事都可以，所以，我们对催眠充满了好奇。在 2014 年的华语电影中，由徐峥和莫文蔚主演的《催眠大师》无论从电影票房还是电影本身都非常值得一提。这部以催眠术为主题的电影淋漓尽致地展现了催眠术对解决心理问题的神奇力量，在现实生活中催眠术果真如此神奇吗？我们不妨一起走进催眠术的神秘世界，特别方便每个人操作的自我催眠术。

揭开自我催眠术的神秘面纱

一般认为，所谓催眠术是指在完全自愿的条件下，由催眠专家或医生采取刺激人的视觉、听觉、触觉等方法而引起的睡眠状态。

催眠按照施术者是否是自己来划分，可以分为他人催眠与自我催眠两种。自我催眠是指人类利用自我意识和意象的能力，通过自己的思维资源进行自我强化、自我教育和自我治疗。简而言之，就是通过自我心理暗示来调节身心健康的方法。

催眠不是睡眠，而是催眠师运用心理学手段在受术者的头脑中唤起的一种特殊意境，这种意境能使人的心理对生理的控制力量达到最高水平。催眠术只是将我们分散在各处的精力和思想聚集起来，并不是处于昏迷状态，也不是处于睡眠状态，而只是像那种当我们聚精会神地沉浸在一种工作或阅读一本小说时几乎难以听到别人对我们说的话一样。

自我暗示和自我催眠技巧的首创者——法国医生意米·克艾认为，不管我们要告诉自己或者改变自己什么，只要用一种有信心的积极语气不断地告诉自己，让自己信服并积极地去争取，就极有可能会成为现实，让他坚信：无论如何，我会过得一天比一天好！

催眠术在世界上已有几千年的历史了。作为一种独特的心理治疗技术，它的确能使一些心理病症手到病除，可以改变人类的感官意识，而且能影响人类内脏器官的功能。催眠对身心症、精神官能症都有非常好的效果；催眠可以有效改正不良习惯，帮我们建立良好的习惯，比如：戒烟、戒酒、治疗失眠等；催眠是一个止痛良方，而且没有副作用；催眠更是开发潜能的利器；催眠能帮助我们解除焦虑、使人放松，建立自信、直面人生。

自我催眠的具体步骤

不需要闹钟，而每天都能在自己规定的时间起床的人是最适合自我催眠的人。病理学家丹尼尔·阿罗斯指出："一个人只要有正常的智力和思维，并具有明确的态度和动机，都可以学会自我催眠。"好奇心强、智商高、想象力丰富、容易专注、容易放松的人是最容易实施自我催眠的人。

自我催眠的方法，可以按录制的磁带进行，也可以根据催眠术教程，按部就班地进行练习。催眠术的过程是怎样的呢？在这里，我通过自己的真实经历与大家分享自我催眠的具体方法。

我今年35岁，十一二岁时就开始吸烟，前段时间我感觉吸烟对自己的身体已经有了明显的影响，我发现自己的肺活量开始减少，咳嗽的频率越来越高，而且身体无力。我很清楚这是自己的身体发出了报警信号，警告我再不戒烟，身体就会出大问题了，于是我打算戒烟。

戒烟的想法我已经有过无数次了，但始终没有那个毅力，以前也试过许多次，但都没有成功。这次我决定实施自我催眠，按照催眠的步骤进行自我催眠，开始我始终达不到浅意识，因为我无法平静自己的心，家里时钟的嘀嗒声和旁边邻居的房间里发出的声音分散了我的注意力。于是，我将意识尽可能地集中到脚尖，然后开始逐步放松。

初次放松自己我花了一个小时，但是效果并不理想。所以，我每隔一天就进行自我催眠，在反复进行之后我可以在半小时里达到浅意识了。我们经常会看书看得入神而听不到看不到周围的一切，这就是因为注意力的高度集中，而沉浸在自己的意识里了。

完全进入了封闭状态，我所要达到的就是这种状态。当我进入了浅意识的状态时就开始自我暗示，我用早已设计好的暗示语言进行催眠，如"香烟是巫婆的嘴，抽烟就是和巫婆恶心的嘴接吻"，并且幻想每抽一口就是与充满恶臭的巫婆的嘴接吻，想象巫婆满口发黄的獠牙以及满脸沟壑纵横的皱纹，这一切让我感觉极度恶心和反胃。

接下来的几天，每当烟瘾发作时，我都会用这句话来催眠自己，"香烟是巫婆，她让我恶心，它会要了我的命，我没上瘾"，再加上同步联想，非常奇妙，我的意识自然而然地对香烟产生了厌恶感。有一次，我尝试吸一口烟，却发现那种感觉真是恶心，到了最后我一闻到烟味就反胃。

通过自我暗示和行为联想的反复刺激，我终于戒掉了香烟，而且这个过程仅仅用了一周而已。

在进行自我催眠之前，要按照前面说的，做好物质上和心理上的准备。坐着、躺着都行，无论采取任何姿势，都要做好腹式呼吸，使自己的心平静下来，排除一切杂念，处于非常轻松的状态下，然后进行自我催眠。

首先，做好感受性测试。在一般情况下，催眠的成功率与感受性成正比。其次，做好场地准备。再次，做好一定能成功的心理准备。最后，要保持身体的彻底放松和精神状态。

自我催眠由两部分组成：一部分是催眠诱导，使自己进入催眠状态；另一部分是暗示，针对所要解决的心理问题进行有针对性的暗示。这两个部分是不可分割的统一整体，进入催眠状态是为了更好地接受暗示，在催眠状态下进行暗示，有时会收到意想不到的效果。

自我催眠的第一步和致胜的关键就在于，我们在完全进入睡眠前，轻松地躺在床上，用自己能够听到的音量慢慢告诉自己："我必须在第二天早上设定好的时间醒来。"让我们设定好的闹钟成为入睡前的最后一个影像。我们可以用几个晚上重复练习这个步骤，而且为了以防万一，我们仍可以把真的闹钟设定好，免得自己起不来而影响了正常的工作和生活。

经过多次练习后，我们会发现自己已经可以在闹钟响起之前自动醒来了。身体的生物钟逐渐形成，渐渐在发挥作用。再过一段时间，我们就会发现自己已经具有了完全不需要闹钟就能自己醒来的能力了。

自我催眠的主要手段是自己的语言，语言的正确使用显得特别重要，要注意以下几点：

1. 目的明确

通过反问自己："我为什么要进行自我催眠？通过催眠，我要解决什么问题？"要清楚自己的目的，不能含糊不清，不能为了催眠而催眠。

2. 围绕中心

要使用与中心有密切关系的语言，不要使用不相关的语言。使用与目的相关的语言能不断强化潜意识，以便集中力量打歼灭战；而使用不相关的语言则会使力量分散，影响自我催眠的效果。

3. 要使用正面的、积极的、建设性的语言

如果用一些负面的语言，就会形成消极的暗示，不但无益于身心健康，反而会损害身心健康。特别强调的是，不能用"不要怕"、"不要慌"之类的语言，虽然目的是出于正面的，但表达上属于消极暗示的范畴，只会帮倒忙。

自我催眠感受性测试

以下是一个感受性测试（钟摆测试），通过感受性测试，可以了解自己受暗示的程度。一般来说，如果感受性处于中等以上，就可以较容易地进行自我催眠；感受性差的，进行自我催眠的困难就比较大。因为篇幅有限，无法列举更多的测试题，如果有兴趣的话，可以再找出相关的测试进行感受性测试。

用一根长约 30 厘米的线，一头用一个重物缚住（如古时的铜钱，中间有一个小孔便于系住），用手拿住另一头，使重物下垂，像钟摆一样。让重物离开桌子 1 厘米左右，桌面上放一张画有圆圈的白纸。在心里默念"左右摆动"，不一会儿，钟摆就会左右摆动；在心里默念"上下摆动"，钟摆就会上下摆动；在心里默念"转圆圈"，钟摆就会转圆圈。

这是一种自我暗示，随着自己的念头出现，身体相应部分的神经就会指示有关肌肉进行运动。如果手上的重物完全根据自己的意愿运动，说明对暗示的感受性很强；如果部分根据自己的意愿运动，则感受性一般；如果一点儿都不按照自己的意愿运动，则感受性差。

自我催眠法练习

与感受性测试一样，下面介绍一种常用的自我催眠技术——身体变

暖法。这里篇幅有限，不做过多的介绍，感兴趣的读者可以根据自己的客观需要寻找更多的自我催眠法进行练习。

坐着、躺着都可以进行，但是首先都要进行放松，使全身处于松弛的状态。然后，在心中默念："我的右手旁边有一只烘箱在烘着我的右手臂，我的手开始发热了，我的手越来越热了。"

默念时，在脑子里要想象有一只烘箱在自己的右手旁边，烘箱火烫火烫的，烘箱的热量四射，直接烘烤着自己的右手臂。待右手发热后，再默念道："我右手的热量向全身散发开来，我全身热起来了。"在默念的同时，想象烘箱的热量传递到自己的整个身体。到了这种程度时，就可以对自己发布主题暗示了。

如果是一位考试焦虑者，就可以这样进行自我暗示："我已经做好了充分的准备，这次考试我不一定能考出自己的水平！"这样反复多次下来，他就能做到面对考试再也不会紧张了，考试焦虑的心理问题也就被解决了。

05
站在人生舞台上，演好自己的角色

无论我们是否意识到，我们每天其实都是处在各种角色的变化中的，这是受主客观环境变化发展而带来的必然。不妨把人生当作一个不同角色进行表演的舞台，扮演好每一个角色，我们才能获得应有的幸福。但是别忘了，想要适应这样的舞台，我们需要做的不仅仅是用力，还要用心适应、积极改变。只有这样，我们才能适应舞台的变化，并不断重新看待和改变自己的角色，学会理性客观地判断世界中的不同关系。

你是舞台上的主角，不必努力扮演别人

非本色表演是挑战，但不容易成功，本色表演却得心应手，最容易成功。有很多演员之所以一炮而红，关键在于他们饰演的角色刚好非常符合自己的个性和气质。没有人可以演谁像谁，我们却总喜欢认为自己真能做到演谁像谁。

要知道，我们每个人都是独一无二的，是造物主最伟大、最精彩的创造。要保持自己的个性，把自己的本色积极发挥到极致，我们就是最好的。虽然有时候模仿也能成功，但是那已经不是我们了，像假币、赝品一样，失去了自己的意义和价值。

我们不必努力做别人

生活中，我们常常会被问到这样的问题："你觉得最开心的事情是什么？"

其实，这是一个再普通不过的问题，但想一时说清楚也并不容易。大部分人的第一反应可能是：能够自由自在地做自己喜欢的事情。确实，只要我们做到了不虚假地活着，认真地做好自己，我们就会发现原来这天很蓝、这云很白，这个世界真的很美。但是，在现实中又有多少人能做真正的自我呢？

很多时候，我们的人生轨迹常常是由父母安排好的，上哪所初中、高中、大学，选择什么专业，找什么工作，甚至我们的结婚对象，他们都要全权代劳。越来越多的人在商品经济的冲击下失去了自我，自我的概念已经从"我是我所有"转变为"我是你所需"。我们逐渐迷失在整个社会中，丧失了个性，丧失了自由的意志，丧失了属于自己的真正快乐。正如意大利剧作家皮兰·得娄说过："我没有身份，根本没有我自己，我不过是他人希望我是什么的一种反映，我是'如同你所希望的'。"

我们就像一个酱菜缸里泡出来的泡菜，全都一个味道，我们丢失了自己。如果我们已经丧失了个性，丧失了自由的意志，丧失了属于自己的真正快乐，那么我们还有什么证据来证明我们就是自己呢？

个性是证明我们自身存在的唯一特性。实际上，越是勇敢、坚强、有智慧的人，就越能在社会中保持自己的个性、思想，不容易被他人、被社会利用和左右。每个人都体现着自己的个性，虽然我们在智力、健康、才能各方面有所不同，但我们都是独立的个体。人只有体现自己的个性，永远不盲从地追求与别人的统一，才能实现自己的真正价值。健全的人应该只听从于自己，听从于自己的个性、理性和良心。

本色表演最幸福

19 世纪的浪漫主义代表、小说《金银岛》的作者罗勃·路易斯·史蒂文生曾说："做我们自己，并尽其所能地发挥自我，是生命唯一的目的。"神学家坎伯在《坎伯生活美学》这本书里开宗明义地说了这样一句触动人心的话："生命的可贵之处在于做你自己。"

对很多人来说，做自己是一件比较困难的事情，因为他们宁可相信别人，也不相信自己。他们只会羡慕别人，或者模仿别人，很少有人能认清自己的专长，清楚自己的能力，然后锁定目标，全力以赴。

费尔巴哈说："倘若我不先爱自己，崇拜我自己，我怎么能去爱和崇拜那些于我有用并给我福利的东西？倘若我不爱我的健康，我怎能去爱医生？若我不愿意满足我的求知欲，我怎能去爱老师？"我们的问题就是常常羡慕别人的优势，却忽视了真正属于自己的优势。因此，每个人必须知道自己喜欢什么、需要什么，自己的优势在哪里，任何时候都不要随波逐流而丢掉自己的优势。

找回自己，从点滴做起

这是一个创新的时代，但如果没有独特性，又怎么能有创新呢？没有了独特性，就意味着大家都一样，也就意味着平庸，意味着我们对这个社会来说是可有可无的。我们与别人一样，那么别人就可以代替我们，社会上可能就没有我们的位置了。

有的人缺少个性，就是因为他们有很强的"从众"心理，不敢做真正的自己。自己有想法不表达，时间久了甚至都不清楚自己的想法是什么了。每次他们都会习惯性地先问别人："你怎么想的？"而从来不会问问自己："我怎么看呢？"

没有几个人能完全按照自己选择的方式生活，经济方面的原因以及其他责任义务，使这种念头有些不切实际。但是，如果我们发现每天的大部分时间都花在实行别人给我们制定的计划上，那么这绝对该是我们开始实现自己梦想的时候。人生最大的悲哀就是没有过上自己想要的生活。一个有自信的人，就应该按照自己的想法像模像样地活出真正的自己。

要改掉这个习惯，就需要下定决心，从生活的点点滴滴做起，每一件小事都要表达出自己的意见，即使我们不是很在乎，例如：自己决定在餐馆点什么菜，自己决定衣着打扮，周末时自己决定要去哪里玩等。我们应该学会对自己的生活做出合理的安排，而不是"别人怎样我就怎样"。当自己感觉"无所谓"、想听从别人的意见时，记得提醒自己，一定要把自己的选择展现出来。

从小事到大事，我们如果都能做到听从自己的意愿，那么日子久了我们就会养成积极主动的习惯，做好真正的自己。

人生是一场戏，在自己生活的舞台上，我们是制片，是编剧，是导演，更是主角。我们是这场戏的中心，周围的人充其量也就是配角而已。勇敢地做好自己，才能完成上天赋予我们的使命，才能在人生的汪洋大海中平稳地驶向自己的目的地。

在人生的太多角色中，不管我们想要扮演什么角色、想要如何发挥自己如何精湛的演技，希望让观众记住我们，我们都必须找到最适合自己气质、性格的角色，那就是做最本色的表演。

扼制要出头的野心，低调才是做人的王道

锋芒太露容易招人嫉恨，做人越低调就越安全。锋芒不要超过我们的领导和朋友，要学会当"绿叶"。不要刻意引人注意，不要在同事、朋友面前故意显露我们的优越感；多给他人肯定的评价，多维护他人的形象，不要显得高人一等、万事皆通。

锋芒太露招人妒

都说出头的椽子先烂。真正世故老练的人会故意露怯，让自己看上去笨一点儿，没有那么聪明；常常是那些年轻人会故意装得很聪明，事事都出头，还想处处教训别人。恰当、自然、真实地展露能力和才华值得赞赏，但一味刻意地表现自我就是最愚蠢的。

我认识一个有"铁血风范"的女强人，她姓仇，我们姑且称她仇女士。仇女士是一个精明能干的女人，年纪轻轻就受到了老板的重用。每次开会时，老板都会问问她，对这个问题有什么看法。仇女士的风头如此强劲，公司里资格比她老、职级比她高的员工多多少少都有些看不下去了，而她一点儿也不在乎这些，行事依然很高调。

仇女士的观点也很前卫，虽然结婚几年了，但打定主意不要孩子。这本来只是一件私事，但有好事者到老板那里吹风，说她的野心很大，为了往上爬，连孩子都不生了。这样的说法一时间传遍了整个公司，仇女士在一夜之间变成了"做官狂"。此后，她发觉同事们看她的眼神都

怪怪的，和她说话也都尽量"短平快"，一道无形的屏障隔在了她与同事之间。仇女士很委屈，她并不是大家所想的那样功利，为什么大家看她都那么不顺眼呢？

像这种在职场中为了事业而锋芒太露，却不注意平衡周围人心态的强势者，陷入这样的处境也并不奇怪。树大招风，每个人都能其乐融融地与人相处，唯独自己像一座孤岛。这时候，你要认真地想一想，为什么被孤立的是自己而不是别人呢？除了遇到了一些天生善妒的小人之外，大多由于自己的一些缺点也是被孤立的主要因素。

仇女士并非是目中无人，只是做人做事一味高调，不善于适时隐藏自己的锋芒。其实，只要她能真诚地对待同事，日子久了他们自然会明白，这就是她的真实本性。

低调做人是韬光养晦之道

传说孔子年轻的时候，曾经向老子学习道理。当时老子曾对他说：善于做生意的商人，总是隐藏他的宝贝，不轻易让人看见；真正的君子，品德高尚，容貌却显得愚笨。其中的深意是告诫我们，过分炫耀自己的能力，将欲望或精力不加节制地滥用是毫无益处的。在古玩店铺里，柜台里是不陈列贵重物品的，店主总是把它们收藏起来。只有遇到有钱又识货的人，才把他领进去仔细看。这既是对宝物和行家的尊重，又可以防备小偷之类的坏人。

俗话说："谦受益，满招损。"即使我们才华横溢，过于自得就会忘形，忘形就容易行差踏错招来灾祸。只有懂得韬光养晦的人，才会不断地得到增益。所以，无论我们的才能有多高，都要善于收敛，懂得深藏不露，才能让小人无缝可钻。

在社会上磨练得久了，很多人都有一套察言观色的本事，他们能根据我们的喜怒哀乐调整与我们相处的方式，进而根据我们的喜怒哀乐来使自己的利益达到最大化。有时候由于情绪的外露，我们会在不知不觉中被别人利用。可见，低调做人是一种韬光养晦之道。

人人都想拥有一个辉煌的人生，人人都想拥有美好的明天，人人都希望获得成功，但低调做人与高调做事都是人生走向成功的必由之路。举凡古今中外集大成者，都是低调做人、高调做事的光辉典范，他们对那些追求成功、追求卓越的奋斗者来说，不啻为做人做事的榜样。低调就是要正确地认识我们自己，别人"吃不了"，我们要勇于"兜着走"，不必处处都争做"老大"，宁拜人为师、勿好为人师……

在高兴的时候手舞足蹈，急切地想让全世界都知道自己，这是人之常情，心情也可以理解，但是如果因为喜怒哀乐表达失当而招来无妄之祸，就得不偿失了。因此，我们可以试着做一个喜怒哀乐不露痕迹的人，训练自己对喜怒哀乐的控制，理性、冷静地看待事情，思索它的意义，做出适当的反应，在竞争中守住自己的饭碗。

在人际交往中甘当"绿叶"

在人际关系中，既要懂得人与人相处的各种微妙学问，又要学会把自己遇到的威胁降到最低。

一是树立"绿叶"意识，不争。不争"主角"，不抢"镜头"，不居"头功"，甘当"绿叶"。

二是不要刻意引人注意。自我表现以引起别人的注意是人类的天性中最主要的部分，这就像孔雀喜欢炫耀自己美丽的羽毛一样正常，但是刻意的自我表现就会把热忱变成虚伪、自然变成做作，最终的效果还不如不去表现。许多人在与人谈话时喜欢把自己作为主题，总有突显自己的愿望。

据说丘吉尔虽然经常爱用夸张的词汇来自我表现，但是在关键时刻他会用英语说："我们应该在沙滩上奋战，应该在田野、街巷里奋战，应该在机场、山冈上奋战——我们，决不感激投降。"请注意，他说的是"我们"，而不是"我"！

三是不要在别人面前显示我们的优越性。在日常生活中，我们不难发现这样的人，虽然他们思路敏捷、口若悬河，但是他们一说话就会让人感到狂妄，因此别人很难接受他们的任何观点和建议。这种人多数都是因为太爱表现自己，总想让别人知道自己很有能力，处处显示自己的优越感，从而能获得他人的敬佩和认可，结果却失掉了在别人心目中的威信。

法国哲学家罗西法古有句名言："如果你要得到仇人，就表现得比你的朋友优越吧；如果你要得到朋友，就让你的朋友表现得比你优越。"

在人际交往中，相互之间理应是平等互惠的，正所谓"投之以桃，报之以李"。那些妄自尊大、高看自己、小看别人、过分自负的人总能引起别人的反感，最终在交往中使自己走到孤立无援的境地，别人都敬而远之，甚至厌而远之。

既不苛求自己，也不苛求别人

俗话说得好，知足常乐。这并不是说不思进取，学习也好，工作也好，对自己的要求要实事求是，要科学客观，不能过分强求。急功近利往往会导致失败。做人要懂得知足，千万不要对自己的要求太苛刻。

有一只美丽的天鹅，一天她在湖边悠闲地散步时，突然看见了一只非常肥硕健壮的鸭子。她的心很快就被这只帅气的鸭子打动了。她惊诧于鸭子不同于天鹅的模样，她惊诧于鸭子的那种气质、精神和性情。于是，天鹅向鸭子主动示爱。受宠若惊的鸭子简直就是喜出望外，立刻拜倒在天鹅的石榴裙下。从此，天鹅与鸭子整天在湖边快乐地生活着，在泥塘边随意厮混着。他们一块劳作，一块嬉戏，一块栖息。

很快，天鹅那高贵而雪白的羽毛日渐污浊，天鹅以前不能长期行走的美丽脚丫也变成红一块青一块了，天鹅已经很久没有经过云彩的抚摸和蓝天的洗涤了。

时间一长，她对眼前的生活开始感到厌倦了，但是她还深爱着鸭子。终于有一天，天鹅实在忍受不了了，她与鸭子商量说："亲爱的，你跟我学习飞翔吧！那样我们以后就可以一起在高空中比翼双飞了。"鸭子听后，煞是高兴，心想自己不只是讨了一个漂亮异常的老婆，而且她还要教自己学习飞翔的技术。可惜，他毕竟就是一只鸭子，虽然他也能在池塘边低飞，但是想要飞到和天鹅一样的高度实在是太难太难了。时间一长，他就没有毅力了，最终只能选择了放弃。

但是鸭子转念一想，哪天老婆自己飞走了的话，那将是多么悲惨的结局啊！于是，他厚颜无耻地祈求道："亲爱的老婆，还不如你抓住我，带我去飞吧。"由于对鸭子的恋恋不舍，于是天鹅决定抓住鸭子、扇动翅膀，非常费力地带着鸭子飞上了蓝天。由于天鹅体力不支，在天上翱翔了一会儿就落地了。鸭子异常高兴，天上的风景实在是太美了，感觉能有天鹅做老婆真不知是几辈子修来的福气。

在那之后的日子里，贪心的鸭子每天都赖着天鹅带他展翅蓝天，而且要求飞翔的时间也越来越长，如果达不到要求他就会发脾气。疲惫不堪的天鹅因为深爱着鸭子，虽然身心憔悴，却依然会答应鸭子的这些无理要求。

这一天，疲惫的天鹅勉强抓住鸭子飞上了蓝天，飞得很高很高……突然天鹅低下头深深地吻了吻鸭子，就在鸭子还沉浸在甜蜜的吻的时候，天鹅松开了抓着鸭子的爪子……

做人要懂得知足，千万不要对自己要求太高，不然会导致前功尽弃，同时我们还要懂得爱惜伴侣的身体，也要懂得爱惜自己。

在现实生活中，公主爱上穷小子的事是有可能发生的，但是结局未必都会那么尽如人意，有多么完美的结局。虽说门当户对是旧观念、旧思想，但上面的故事明确告诉我们，攀上高枝的确能使我们的生活质量大大提高，但是并不代表我们可以不用奋斗，也不代表我们都能幸福到永远。富家人既能让我们不费吹灰之力飞得更高，但也能让我们死得很惨！

鸭子的问题是不知天高地厚、贪心过度，为了自己心情愉悦而置伴侣的疲倦和死活于不顾。鸭子不珍惜爱护美好幸福的生活，也从不站在他人的角度考虑问题。鸭子最致命的地方就是他的命运一直掌握在别人手里而自己却浑然不知，还贪婪地要求掌握自己命运的人不断为自己付出、再付出。

请记住！自己没有多大的本领，命运被别人操控的人始终难逃一劫。要求自己本没有错，对自己严格要求这本来就是一种进步，但是要把握对自己的要求，怎样的要求比较合适是比较难以拿捏的。

古语有："以铜为镜可以正衣冠，以史为镜可以知兴衰。"的确，照照镜子才能看出衣冠穿戴是否整齐，读了历史才能知道改朝换代、社会兴衰的原因。

作为个体，每个人都是一样的，"人贵有自知之明"，一定要清楚自己的情况，了解天时、地利与人和的情况，才能确定目标，从而要求自己。也就是说我们必须清楚自己能吃几两干饭，然后制定切实可行的计划，对自己提出严格合适的要求，这样的要求才是客观的、实际的，并通过努力可能实现的，否则就是行而上学，就是脱离实际。

只有这样对自己的要求不是太高，我们才能不以物喜、不以己悲，才能真正做到胜不骄、败不馁。

我们总是喜欢要求别人，要求别人正派，要求别人勤劳，要求别人这样，要求别人那样，他们就是不知道怎样要求自己。

总是要求别人，事实上是靠不住的！别人有别人的性格，别人有别人的习惯爱好，别人总归不是我们自己。再怎么要求别人，到了最后时刻，也都不能落实，一切等于白搭；我们最直截了当的也是最有效的方法，就是一切事反求诸自己，从严要求自己，实在是人生最好的方法。

我们要想聪明机智，就要多读书、多学习；我们要想事业成功，就要多集资、多积德、多结缘，事业自然就能成功；我们要想健康，就必须多运动、多保健、多注意营养，这是谁都无法代替的。

我们要求有人缘，就要多结缘；我们要想发大财，就必须多播种多布施。凡是自己希望得到什么，要求别人是不能如愿的，只有严格要求自己，才有成功的希望。相信自己可以，但是不要对自己提过高的要求，才能活出健康，才能活得更精彩！

看轻自己的人，不要奢望别人能高看你

在美国黑人的教科书上赫然写着："黑"，是世界上最美的颜色，这就是美国黑人的自我肯定。一个随时充实自己、敢于担当的人，自然会拥有自信，自然能充分地进行自我肯定；一个连自己都没有信心的人，根本无法给人以信心，连自己都不能肯定的事，要想得到别人的肯定一定比登天还难。

你若不信自己，如何让人信赖你

柒牌男装的广告语说得好："相信自己，世界相信你。"让人充满希望，更有底气。虽然是广告语，但它说的同样是人生的道理。一个人若连自己都不相信自己，那么别人怎么会相信我们。如果一个公司的老板对公司的前途都感觉渺茫，还如何让员工跟着自己一往无前呢？

缺少自信是一件十分可怕的事情。假如一位客机飞行员自己上飞机之前都是慌慌张张、诚惶诚恐，担心出现任何问题的话，那么相信没有一位乘客敢乘坐他开的飞机。古代两军交战，基本上就是主帅先行交锋，因为一个将领若是不相信自己，临阵脱逃，士兵自然就作鸟兽散了，所以一个成功的将领对于作战一定是"胸中有丘壑"的。

任何事情都一样，一张自信的脸和对自己所做事情的深刻理解就是最好的自我介绍。只要我们的言谈举止令人信服，这种威力就能远远超过任何印刷精美、内容丰富的文字材料。因为只有相信自己的人才能有上进心，才能勇于挑战，才能创造更多的财富。

很多人总是一遍一遍地向别人央求，请相信我，相信我吧。越是如此，别人就会越怀疑你，而我们用一种自信的眼光告诉别人，用自己的实际行动打消别人的疑虑，那才是最有说服力的。别人说我们不行，我们无需更多地争辩，因为我们那满满的自信就是一种实力。

自信是成就任何事业的最基本、最重要的前提。有了信心，就有了"我确实能做到"的积极态度，信心是一切成就的基础。对自己有信心的人，就不会怀疑自己的能力，更不会担心自己的未来，他们用信心成就了自己的事业，任何合理的目标在信心的支持下都可能获得成功。

不管别人如何看轻你，我们都要相信自己

鸿雁其实是一种大鸟，但因为飞得很高，站在地面的我们难以辨识它们到底是哪种鸟。

相传，越国的野鸭很多，由于越国人看惯了野鸭的模样，往往就把飞到高空的鸿雁当作了野鸭；而楚国的燕子很多，楚国人看惯了燕子的飞翔，也往往把飞到高空的鸿雁当作燕子。

有一天，一对翱翔蓝天的鸿雁，它们飞过了楚、越两国。雌鸿雁不解地向雄鸿雁问道："老公，楚、越两地的老百姓还真是有些迷糊啊，居然把我们看成是燕子或野鸭了。"雄鸿雁笑着答道："亲爱的，不要再责怪他们了，尽管楚国人把我们当作燕子，越国人把我们看作野鸭，但我们呢——还是鸿雁，决不会是野鸭，也决不会是燕子，难道不是吗？"

人生的境遇不如意者常常十有八九，无论我们怎样做，总是很难让所有人称道叫好，总会有这样那样的杂音，总会出现各种各样的批评，总免不了受到人们的非议。在这种情况下，我们只有不问其他，坚信自己，就能成为肯定自己不可或缺的力量。

无论做任何事情，如果我们能够充分地肯定自我，就等于已经成功了一半。当我们面对挑战时，不妨勇敢地告诉自己："我们就是最优秀的和最聪明的。"那么，肯定会给我们带来另一种结果。不是说"天生我材必有用"吗？在当今纷繁多彩的世界里，我们尤应肯定自己，任何悲观的情绪都不利于走好自己的路。

　　如果我们不断地进行自我鼓励、自我肯定，就能拥有自信。反之，如果做事畏首畏尾，自信心就会越来越差，要想成功简直就是天方夜谭。

通过自我肯定，提升自信力

　　如何才能战胜自己，做一个相信自己、让别人信赖的人呢？以下的建议我们一起分享，希望对大家有一定帮助。

　　1. 看到自己的优点

　　人要自省，看到自己的缺点是在进步中不可不为的事情。但是，我们如果只看到自己的缺点，不断地否定自己，就会怀疑自己，从而导致自信心的下降。所以，我们需要看到自己的优点，这并非是"王婆卖瓜，自卖自夸"，而是希望我们能客观地评价自己的能力。要树立信心的我们，可以在纸上写出自己的五个优点与五项能力。之后，我们会发现，原来自己非常值得相信。

　　2. 制定一个合适的计划

　　目标不能太低，太容易实现就无法满足我们的成就感，也就无法提高自信心。目标也不能定得太高，不易达到，这样会冲淡激情，破坏自信心。所以，在前进的道路上，不要树立那些不适合自己的目标，否则只能迷失原本可以更优秀的我们。然而，适当的目标就是：用力跳起来，刚好能碰到。

　　3. 要多与有信心的人交往

　　古语说"近朱者赤，近墨者黑"，这个道理大家都懂。如果我们经常和悲观的人在一起，就会变得悲观而且没有自信，如果我们经常和乐观自信的人在一起，我们渐渐地也会成为自信的人。与自信的人在一起，我们也会深受感染，自信心得到增强，我们能在不知不觉中和自信的人一样举止洒脱、行为端方、激情四溢。

4.保持正面的自我心理暗示

进行积极的自我暗示，其实就是使用一种类似于"自信宣言"的有益表述。这种暗示并非自欺欺人，而是一种心理的力量。通过向自己重复暗示一些具有积极意义的思想或话语，来代替我们头脑中固有的消极想法，从而最大限度地改变我们的日常习惯、生活态度和自我期望，进一步强化自己具有的无穷潜能和力量，也就是我们要自觉地、有目的地、有意识地运用一些积极的思想或语言积极地改变自己。

遇到困难的时候，自信的人很少使用诸如"我本能够、我本愿意、我本应该"等虚拟性的词语描述一件事情，他们也从来不说"让我试一试"、"但愿我如何如何"，相反地他们往往会十分肯定地说："我能行！""我很棒！""我能做得更好！"不断地对自己进行正面强化，避免对自己进行负面强化。同时，也可以多阅读一些励志的名人传记，给自己一些前进的力量。

每天我们都应该运用这种建设性的自我暗示，它会创造出奇迹，将困难逐步化为乌有。既不要将这种自我暗示当作一种夸耀，也不要把它当作一种压力或者负担，它是一种自觉，一种下意识的心理反应。最重要的一点是，我们想拥有自信，就要从停止自我否定开始。

当然，要相信自己的基础就是自己确实能做好。所以，在我们做某件事情之前，一定要做好充分的准备。要知道，当我们的心里有一个成功的铺垫后，才会有真正成功的展望，而当我们呈现出成功的自信后，才会让别人对我们产生信任。

勿急躁，夯实内功，成功不请自来

在日常工作、学习中，由于自身和环境等方方面面因素的影响，我们自觉不自觉地就会产生一些烦躁不安的情绪，甚至感觉这个世道非常不公平，人生坎坷曲折，成功遥不可及。我们多么希望命运之神能眷顾自己，让好运降临。

爱迪生曾说过："天才就是百分之一的灵感加上百分之九十九的汗水。"我们在现实的生活中已经无数次证明了这一真理。如果老板安排我们做某件具体的事情，整个事情完成的过程与时间远远超出了我们的预期，长到使我们的耐心开始动摇了，对成功也不敢奢望了。

看到那么多的人成功了，我们变得迫不及待，渴望事情在短时间内就能奏效。当事情出乎我们意料时，我们常常会过早地放弃，这样做的结果往往会使我们离成功越来越远。

一个人有一个庭院，庭院常常被打扫得干干净净。有一次，他出远门，托朋友打理自己的庭院。朋友非常懒惰，任由庭院里的植物自由生长，结果在石凳旁边冒出了一些绿绿的芽尖，后来还开出了花。花很香，有点儿像兰花。朋友就采了一朵花和几片叶子去请教专家。专家说："这是兰花中的一个稀有品种，叫腊兰，许多人穷尽一生都没有找到……"

朋友把这件事告诉了庭院的主人。主人听后愣了一会儿说："其实，那株腊兰每年都要破土而出的，只是我以为它不过是一株普通的野草罢了。每年春天，它的芽儿刚出土就被我拔掉了，我差点儿毁掉一种奇花啊！如果我能耐心地等到开花，那么几年前我就能发现它了。"

故事的寓意不难体会：没有耐心，可能会把珍稀的腊兰当作野草拔掉。人生也是如此，没有耐心，就会错过原本属于自己的很多美好。

浮躁似乎是我们的一个通病。社会物质的丰富和极快的发展速度极大地刺激了我们的大脑，现实中的每个人无不迫切地想改变现状，获得成功，但是很多人都耐不住性子，巨大的压力和快节奏的生活使他们无法体会"十年寒窗"、"滴水穿石"的真意，没有人愿意用十年的时间去验证一个结局。为什么？耗不起，最主要的是浮躁，缺少耐心。

还有一些年轻人眼高手低，脏活儿、累活儿、吃苦耐劳的活儿他们都看不上，那些多出力气少赚钱的差使更是不入眼。他们觉得，要改变现状，就不能拿时间去耗、拿精力去耗、拿才气去耗，一步一个台阶那都是低智商的人做的事，他们看不上。

成功从不晚点，前提是我们要有足够的准备去迎接成功。缺乏耐心和毅力是无法成功的，好运从不垂青于我们，是因为我们还没有做好充分的准备，我们的能力、我们下的功夫还不够。因此，处在人生低谷时，不要急躁，重新归零，练好自己的内功，成功之神一定会不请自来。我们可以从四个方面入手来夯实自己：

1. 听从内心的召唤，有效控制自我

了解自我，清楚自己内心的呼唤，并积极做出应答，这是我们必须做的。听从我们的心声，一方面能够帮助我们结识志同道合的朋友，另一方面也能帮助我们充分地利用自己的直觉和潜能，这种"直觉"就像我们与上帝之间的对话一样，也许是无意识的，也许是有意识的。

当我们开始听从自己内心的声音时，我们才有可能成功地控制自己的体重。我们既没有必要刻意去节食，也没有必要拼命地进行锻炼，取而代之的是选择对我们的身体来说更健康、更可口的食物，同时我们也要改变锻炼计划来符合自己的个性。所以，凭借直觉去做决定对我们的生活有更重要的意义。

2. 放慢脚步，享受奋斗中的过程美

你想成为主宰自己命运的人吗？这一问题过去常常困扰着我们，因为确实有些事我们就是放不下。过去我们经常幼稚地希望一切事情都如我们计划得那样圆满，过去我们常常希望无论做什么自己都是第一名。

但是，现实生活就是这样无奈，看似非常容易的事情我们却无法完全掌控，而我们所能做的事就是尽自己所能做最好的自己，然后好事就有可能发生了。我们要学会享受生活中的每一个瞬间，放慢脚步认真欣赏，不再盲目地为超出我们控制范围的事而担忧、烦恼。感谢生活，我们对自己现在拥有的一切心怀感激，当然我们还在对未来尽心谋划。

我们没有必要总去争第一名，只要我们尽心尽力就可以了。我们没有必要非要跨越一系列障碍才能感受到开心与自得，我们必须时刻告诫自己，放慢生活的脚步，认真欣赏，让生活中的分分秒秒都变得多姿多彩。

3. 克制浮躁，培养耐心

耐心是可以培养的，就像肌肉可以锻炼一样。首先，需要调整好自己的心态，学会从小事入手去培养耐心，而且耐心的培养是一个循序渐进的过程，不能急于求成。下面 5 个可行的方法不妨试验一下。

（1）分享疗法：与别人交流、分享。通过分享和交流心得，我们就会学到更多的增加耐心的诀窍，甚至会在我们周围产生连锁反应，形成推崇耐心的风气。

（2）心理疗法：对自己说，我们完全有所需的时间来做某事，然后看看，我们感觉自己的耐心增加了多少。

（3）10 分疗法：没有耐心的原因常常是我们从没做到过满足自己

的需求。每天早晨抽出 10 分钟，好好想一想，确定哪些是最优先的需求。

（4）卵石疗法：兜里放一块卵石，当我们失去耐心、坏脾气就要爆发时，把那块小石头从一个兜放到另一个兜里。

（5）食补疗法：低血糖会使人脾气变坏，所以，增加睡眠、减少咖啡因的摄入是耐心的天然增效剂。

4. 逃离舒适区，时常挑战自己

当我们过惯了舒适的生活后，我们就会逐渐变得懒惰起来，正是由于这种懒散使我们不再进步，不再尝试新鲜事物，不再去追求更平衡、更快乐的生活。因此，我们要逃离既定的舒适区，不断挑战自己。我们要不停地去学习一些新鲜的东西，开阔思路，勇于克难攻坚，这能使我们的生活充满惊喜，帮我们打造新的机遇，也让我们成为一个更完备的人。

我们所运用的知识更多的是由我们自己实践得来的，并非是我们在大学里学到的。直到现在，我们才理解了老教授过去常常说的那句话，大学教育的目标并不是把一大堆信息装进学生的脑袋里，而是教会学生们如何找到自己需要的信息。

不论我们年纪大小，身处何种岗位以及当前的成就如何，都可以常常通过挑战自己来学到许多知识提升自己。

生活永远充满酸甜苦辣，生活也永远丰富多彩。让我们谨记上面的忠告，夯实自身的实力，等待人生腾飞的转机。

自设假想敌，是跟自己过不去

无论是虚拟的影视、小说中，还是现实生活中，关于"错过"的故事主题总是比比皆是。下面这个故事，我相信大家会有似曾相识的感觉。

有一个男生暗恋一个女生，在男生的心中这个女生几近完美，被他奉为女神。正因为如此，男生自惭形秽，一直不敢向女生直接表白，只能默默地关注女生的一举一动。每天他都强烈地想看到女生，但是真看到女生时，他又完全没有了自信，表现得非常不自然，认为自己太老土，言谈举止太笨拙。男生总是觉得自己配不上女孩，并且深信追她的男生一定很多，每个男生都比自己强，虽然在很多人看来，他其实也是一个非常帅气、优秀的男生。

毕业后，女生在一家报社担任编辑。有一天，他们在某家杂志社举办的座谈会上不期而遇，男生发现女生变得更成熟、更漂亮了。会议结束后，女生站起来主动提出和男生一起走走，但是内心慌乱的男生不知如何是好，最后找了一个可笑的借口灰溜溜地逃走了。

后来，虽然有很多次见面的机会，但是男生从来都没有大胆地去追求女生。他总是想，女孩实在是太出色了，追求她的人也一定都很出色，自己没有绝对的优势，与其被拒绝，再经历一番不必要的痛苦，还不如把对她深深的爱慕之情埋在心底，全身而退吧。

随着年龄的增长、阅历的丰富，这个不能再称为男生的男人逐步明白了一个道理：女生虽然漂亮，气质不凡，但她既不是仙女，又不是天使，无论她有多么出色，她也只是一个极其普通、具有平凡心理的女人。有一天，男人终于鼓起了勇气，约她来到酒吧，急切地问："现在你还是单身吗？"女生非常平静地告诉男人，就在两个月前她走进了婚姻的殿堂。

让这个男人非常意外的是，女生的丈夫根本没有他想象得那么出色——他是一个胖乎乎的家伙，非常大众化，根本就配不上这个优秀的女生。

男人顿悟：他确实是被自己无中生有的那个"强大的假想敌"吓退了。失败只是咎由自取，之所以失败是因为自己的不自信，无名的痛感油然而出，但是他也发现，"情敌"身上有一种他不具备的东西，那就是自信。

故事中的男生之所以失败，就是他被自己无中生有的那个"强大的假想敌"吓退了。自信可以使一个最平凡的人的生活变得更精彩、更生动。幸福本来就在身边，幸福从来就不是可以被别人无缘无故地掠夺的，除非我们先剥夺了自己追求的权利。

曾被誉为"精英和平民之间的桥梁"的于丹教授说："人允许一个陌生人的发迹，却不能容忍一个身边人的晋升。因为同一层次的人之间存在着对比、利益的冲突，而与陌生人不存在这方面的问题。"在现实生活中，有些人总是有意无意地给自己树一个"假想敌"，而这个"假想敌"可能是自己的朋友、情敌或者同事，甚至就是自己的父母。

所谓"假想敌"，就是根本不存在的敌人，只是在内心虚设的一个学习、工作或者生活的对手，而且会自觉不自觉地花费大量的心理能量与这个对手作战，会不经意间把这种处于"斗争"的状态带到现实生活中，直接影响自己的生活。

在工作中，我们经常会见到这样一些人，他们由于公司的支持和自己的努力在工作中已经取得了一定的成绩，但是他们总感觉有一些同事在背后议论或者批评自己。于是，他们索性就把这些同事当作自己的"敌人"，无论做任何事情，总是想和同事比一比，以证明自己比别人强。

同事之间不可避免地会存在竞争和利益的冲突，有些性格孤僻、自恃清高、不善合作的人往往会把一些相对优秀的同事当作自己的竞争对手。假想敌存在的根本原因就是竞争以及竞争所带来的心理防御机制。他们始终认为同事在和自己竞争，时时刻刻都等待时机超越自己。从一定意义上讲，这种情况是真实的，但更多的是被他们放大无数倍的假象，是他们内心世界的投射，是不相信自己的表现。能找到竞争对手无可厚非，但如果患得患失，把神经绷得太紧只会物极必反。

我们之所以会设立假想敌，是缺乏自信的表现，但我们真正的敌人不是别人，也不是那些假想敌，而是我们自己。我们一般很难接受自己的对立面，也很难接受别人比自己优秀。如果内心长期设立假想敌，时时刻刻设敌，就会大量消耗心理和生理的能量，最终只会消磨斗志，甚至妨碍个人的发展。

如果我们正忙着和假想敌较劲，那么应该调整一下自己的心态。要知道假想敌的出现，可能是给我们的工作、学习和生活的一个提醒，把他当作朋友比当作敌人更有利于我们的成长。

我们总是认为目标高不可攀、难以企及，总认为对手高大威猛、难以取胜，于是我们不敢付诸行动就早早地缴械投降了。然而，事实证明，几乎我们的每个假想敌都不如我们自己，真正要战胜的永远是我们内心深处的怯懦和软弱。

做人张弛有序，结果自然事半功倍

节奏，辞典中的解释是音乐中和谐有序的音律，后来用于比喻有规律的工作、生活状态。"文武之道，一张一弛。"只有把握好生活、学习的节奏，高低音错落有致，长短调均衡有序，才能演奏出优美动听的乐章。的确，就工作而言，只有做到一张一弛、劳逸结合，才能进一步提高工作效率，更好地完成各项工作任务。

在实际工作中，有不少管理者忽略了这个道理，感觉所有员工越忙越好，经常加班加点才算具有敬业精神。对此，我们必须坚持具体问题具体分析。当然，在生活中我们经常会有被工作追着走的感觉。原本认为很简单的事情，一旦做起来就没有那么简单了，有时候甚至是计划赶不上变化的脚步，有时候感觉理论不能适合实践。

到底是我们的工作方法不恰当，还是我们的管理水平低下，亦或是我们面对的对象有问题呢？种种疑问让我们感到困惑。细究起来，事情原本也没什么了不起，就是对工作的态度存在问题。

在我们的工作和生活中，常常说要把握好节奏，这句话说得很多，但是重要的不是如何概括，而是我们如何把握这个节奏。相信大部分人都懂得音律的一些基本常识，什么曲子应该有什么节奏，什么风格应该有什么韵律，对节拍的控制是很有讲究的，不能快，也不能慢，快了不合拍，慢了韵律也不能和谐，只有不快不慢，跟着调子走或者领着乐器走，才能达到非常和谐的理想境界。

"和谐"这个词说起来容易，要达到这种效果就不那么容易了。它的最基本要求是，演奏者本人首先应该是一个懂音律的人，也就是五音俱全才行；其次就是对乐曲的基本了解。

工作学习与演奏有异曲同工之妙，这就是为什么我们应当把握工作的节奏才能更好地开展工作的原因。一方面有些事急不得，另一方面有些事却慢不得。一旦出现问题，就应当在第一时间采取有效彻底的解决办法，不能让小问题积累成大问题，从而影响我们具体工作的有效开展。但是某些棘手的工作并不是我们着急就可以解决的，也只能按部就班，一点点地耐心解决才行。

比如，当同事之间产生矛盾时，我们可以一推二六五，也不用问原因，什么都不管，随便他们自己处理、解决，但更多的时候我们是可以介入的，而且是应当介入的，毕竟不能因为私己小事、个人闹意气，使个人的问题影响到整体工作的大局。

这其中就涉及一个快慢的问题。在问题之初应快速介入，对不合适的举动、不合适的行为做出及时紧急的处理，之后如何让同事之间的关系重新变得融洽和谐就不是立说立行的事了，只能慢慢来，在我们的正确引导下使同事之间能够互相谅解、互相支持，使大家不再计较彼此的缺点，更多地关注彼此的优点与长处，从而能更好、更和谐地相处、共事。

当然，这其中的一快一慢就是所说的节奏，如何把握这个节奏呢？一是要看事情的发展状况如何，二是要看管理者的管理水平。这些仅仅是工作中最细微的环节，只要我们对所有的事都能把握一个基本原则做出相对合适的处理就可以了。

为了确保工作与学习能取得更多的成果，我们一方面要把握节奏，另一方面要把握程序与步骤。

　　大家都知道，诸葛亮给刘备确定的行动有九个步骤，字里行间明确了每个步骤之间的联系，它们是一个紧密连接的链条。如果任何两个步骤之间断了联系，那就会"掉链子"，轻则会导致行动受阻、贻误战机，重则可能导致前功尽弃、一败涂地。

　　一般来说，步骤越多越难以把握，给人以眼花缭乱之感，甚至引起人们的误解，难分主次。究竟多少步骤是最好的呢？

　　一般意义上说，三个步骤是最佳的。仔细审视分析一下，诸葛亮所说的这九步，实际上也可以看作三大步：第一步就是打基础——"若跨有荆、益，保其岩阻，西和诸戎，南抚彝、越，外结孙权，内修政理"；第二步是过渡——"待天下有变，则命一上将将荆州之兵以向宛、洛"；第三步是冲击——"将军身率益州之众以出秦川，百姓有不箪食壶浆以迎将军者乎？"

　　这样看来，整个战略行动的步骤就非常明确了。步骤划分，无论在企业战略策划还是在单位规划中都具有非常重要的意义。所以，我们要利用战略机会对企业和单位的总体发展进行新的定位，为新的战略定位"打基础"；然后组合战略手段，提高工作中各个主要方面的指标，向战略总目标积极进行"过渡"；当各项条件趋于成熟时，为实现战略目标和根本目的做最后的努力，以高昂的姿态"冲击目标"。

　　正如一棵松树一样，刚立苗时前三年不长，它在那里静静地蹲着，看似没有发展，实际上是它的根部在打坚实的基础；三年后，树干会快速成长，这是一个实实在在的过渡过程；当树干长到一定高度、探索到充裕的空间时，枝叶开始迅速扩张，以生机勃勃的姿态去迎接太阳的光辉，这就是冲击目标。综上所述，要调整好节奏，好好生活、好好工作，需要注意以下几个方面：

　　1. 保持积极良好的心态，自我减压

在工作中，及时调整自己的心态，努力使自己保持一颗豁达、宽容的心，不要斤斤计较，还要保持积极快乐的心情，要善于把自己的痛苦、烦恼及时以不同的形式倾吐出来，从而缓解自己的心理压力。

2. 未雨绸缪，要有积极应对不测的方案

面对纷繁复杂的各种情况，只有一个解决方案是不够的。要全面了解事情的整个过程，随时准备好预案，主动迎接化解工作压力。

3. 学会向下属授权

充分信任下属，积极鼓励员工发挥主动性，切实避免自己大包大揽，造成不堪的局面。

4. 适时放松，进行良性暗示

工作并不意味着弦总要绷得紧紧的。适时放松一下，一定会对身心有益处。"不会休息，就不会工作"说的就是这个意思。对自己进行良性的暗示，多思考过去成功的经历，多想想自己具备的优势，自己在公司的价值是别人不能替代的。

调整好工作节奏，使工作有序进行，我们将取得更辉煌的成绩！

05

站在人生舞台上，演好自己的角色

06
锁住心力，抵御外界的干扰和诱惑

长江因锁定向东而波澜壮阔；青松因锁定向上而伟岸挺拔；珠峰因锁定卓越而傲视群山；流星因锁定精彩而亮彻长空；圣贤因锁定目标而成功卓越！世界上干扰和诱惑我们的东西实在是太多太多，而专注者明白：生命有限，能力有限。只要管住那颗不甘寂寞的心，像凸透镜一样把自己所有的心力和资源聚焦为一点，不成功都难。

锁定我们的目标和注意力

雨果说过一句很精辟的话："一个人不能同时骑两匹马。"社会就像一艘大船，我们都是航行者，理应风雨同舟，尽心尽力尽职，使大船乘风破浪。"羡长江之无穷，叹蜉蝣之须臾。"每个人的生命都是短暂的，要担负公务，又要处理家务，还有不少事务。我们浪费了许多时间，只有锁定自己的目标和注意力，将自己的全部精力聚焦到一点上，去拓掘生命的深度，才能有所成就。

在人生中，我们面临的诱惑很多。如果一时看不到前景，就会产生"这山望着那山高"的心态，就会被表面看似光鲜的工作诱惑，从而见异思迁。事实证明，这正是很多人最终不能走向成功的根本原因。在追求成功的路上，充满了寂寞与艰辛，如果我们无法锁定目标和注意力，最终只能沦为命运的奴隶。比尔·盖茨认为，在变幻莫测的商战中，只有锁定目标和注意力，我们才能战胜对手。

这山望着那山高，难成大事

美国著名半导体公司德州仪器公司的口号是：写出两个以上的目标就等于没有目标。这句话不仅适用于公司经营，对个人也有指导意义。年轻人事业失败的一个根本原因，就是精力太分散。生活中的许多失败者，几乎都曾在好几个行业中艰苦地奋斗过，但是如果他们的努力能集中到一个方向上，那么足以使他们获得巨大的成功。

说到这里，让我们来听一个小故事：

一头小牛到山上吃草，当它抬头看到对面的山坡上绿油油的青草时，非常兴奋，就匆匆忙忙地向对面的山坡上跑去。但是当它爬到对面的山坡时，发现还是原来的山坡上的草更绿、更茂盛，于是又匆匆忙忙地跑回来。结果，其他牛都吃饱了，只有它还饥肠辘辘地奔走于两座山之间。

这个故事常常用来比喻一些人见异思迁的心态。当一个人抱着这种心态时，常常会对不同的事物，比如：工作、职位等，做出不合时宜的比较，患得患失，结果常常顾此失彼，得了芝麻丢了西瓜。

一个做事时总是摇摆不定、变来变去的人，只会将自己长时间积累的职业经验和资源都丢掉，无法强化自己的专业知识，无法形成自己的核心竞争力，也就无法超越别人。这种人在社会上是没有立足之地的。

当然，年轻人在事业的起点上树立多个目标是很正常的，这好比罗盘指针在被磁化之前所指的方向是不确定的，只有在被磁石磁化而具有特殊属性之后，才能成为罗盘。同样，一个人一开始可能确定不了自己的方向，在经过一段时间的摸索后，他就能确定自己想要达到的目标了。如果确定的目标被证明是正确的，就应该像卫星导航船一样坚定不移地为目标而奋斗。

在实现目标的道路上，最忌讳的就是朝三暮四。有些人在追求成功的路上，偏离了前进的方向，最后连自己也不知道走到哪里去了。这种丢失了目标的人，虽然历尽艰辛，但是到头来仍然没有取得成功。因此，如果我们确认了自己发展的方向，那么我们一定要守住本分，切不可这山望着那山高，去做自己能力范围之外的事。这样做，有可能把别人的事耽误了，自己的事也没做好，岂不是得不偿失吗？

锁定目标和注意力，才能抵挡危险

很多人不是没有梦想，而是梦想太多，只有一个梦想的人真可谓凤毛麟角。梦想多的人，一生都在游离不定中摇摆，在举棋不定中反复，在湖光掠影中闪失。最后，时间如流水般流逝，机遇之神总是远离，将他们弃在路旁，如同弊履。

总之，没有锁定，人生就没有主题；没有锁定，人生就没有方向、没有目标；没有锁定，人生就是一盘散沙；没有锁定，人生就不可能像滚雪球一样越滚越大。最重要的是，没有锁定，我们就会面临与成功擦肩而过的危险。

长江因锁定向东而波澜壮阔；青松因锁定向上而伟岸挺拔；珠峰因锁定卓越而傲视群山；流星因锁定精彩而亮彻长空；圣贤因锁定目标而成功卓越！世界上夺目的东西太多太多，而专注者知道：生命有限，能力有限。我们每个人只有一双手，只有在众多的事业中锁定一件自己爱干的、该干的事，才能打造自己的完美人生。

若不锁定目标，那么每天清晨起来，我们将茫然四顾。若不能选准一件事，那么我们每天的思考与行动将毫无意义可言。宇宙万物都是以中心为内核而运转的，人生也莫不如此。有中心，我们才有可能聚积四周的能量，才有可能吸引实现目标的人力、物力和财力。

锁定目标和注意力，才能终有所成

我国清代著名的画家郑板桥的画独树一帜，诗也写得清新文雅，但是字写得软弱无力。于是，他下定决心练字，天天练、月月练，几年后终于练出了一手好字，他的画、诗、字被人们誉为"三绝"。可见，我们做事的时候需要具有滴水穿石的精神，否则难以取得成功。

滴水穿石还在于落下的水滴是朝着一个方向，落在一个定点上。目标明确，精神专一，如果不是这样，是不可能有穿石之功的。专注于某一件事情，哪怕它很小，努力做得更好，总会有不寻常的收获的。仔细想来，很多人见异思迁，放弃自己努力多年的领域，而去追求新的陌生的领域，难道不是非常愚蠢的行为吗？虽然一个人自诩有多种技能，但由于蜻蜓点水、钻研不透，反而不如拥有一项专长的人更受青睐。专注于某一件事，尽力把它做到无可挑剔，我们可能会比技能虽多但无专长的人更容易获得成功。

不懂专注，纵是天才也枉然

什么是专注？

专注就是专心致志、全神贯注，不受任何内心的欲望和外界诱惑的干扰，对既定的方向和目标不离不弃、执着如一、不懈努力。专注是一种精神，专注就是"做最擅长的事"，专注就是"把一件事做到最好"，专注就是"不达目的不罢休"，专注就是相信"付出终有回报"、"我能，所以我成功"。

专注的神奇力量

很多科学家、思想家、艺术家等伟人，他们高度集中的注意力令人惊叹。牛顿做实验时，把手表当鸡蛋煮；居里夫人在课间演算习题时，身旁被搞恶作剧的同学堆满了凳子，竟丝毫没有察觉；爱因斯坦在思考问题时，竟把和他一起乘车的小女孩忘记了；王羲之写字入了迷，竟把墨汁当蒜泥，用馒头蘸着吃……他们就是这样在自己的事业中探索时，常常忘记了时间、空间和环境，甚至忘记了自己身边最熟悉的人和事。

在日常生活中，我们经常被一些本没打算消耗精力的事情干扰。漂亮的女士、临近的假期以及各种纷繁的信息经常会出现在我们的头脑中，分散了注意力。我们的心思可能会被这些事情拉走，以至于忘记了眼前的职责和工作。通过专注的方法抵挡这些干扰，对完成工作的质量具有至关重要的作用。

嘉信理财 CEO 施瓦布从小文科成绩都是红字连篇。他的读写速度很慢，英文课需要阅读经典名著时，只能从漫画版本下手，以求低空过关。他常常说："我的脑袋里有想法，却没有办法将它写出来。"后来，医生诊断他患有识字障碍。但是，之后他凭借优异的数理成绩进入了美国名校斯坦福大学。他发现商业课程对自己来说比较容易，于是选择主修经济，在英文及法文仍然不及格的同时，全力投入商学领域，获得了MBA学位。毕业时，他向叔叔借了十万美元，开始了自己的事业。他于 1974 年在旧金山创立公司，如今已名列《财富》五百大企业，拥有两万六千多名员工。

一个先天学习能力不强的人，何以能成就这样一番事业呢？施瓦布的答案是：由于学习上的障碍，让他比别人更懂得专注和用功。"我不会同时想着十个八个不同的点子，我只专注于某些领域，并且用心钻研。"他说。

这种专注的态度，也体现在嘉信近三十年的发展历史中。当其他金融服务公司将顾客锁定于富裕的投资者时，嘉信推出了平价服务，专心耕耘投资大众的市场，最后终于开花结果。之后随着科技的进步及顾客的成长，嘉信在每个时期都有专心投注的目标，许多阶段的努力成果成为业界模仿的对象，在金融业立下了一个个里程碑。

嘉信理财曾经名列《财富》杂志全球最受景仰的二十大企业、全美最适合工作的企业以及美国《福布斯》和《商业周刊》的五十大企业荣誉榜，成为各种管理书籍最常列举的案例之一。

懂得专注，才经得起外界的诱惑

古语有云："欲多则心散，心散则志衰，志衰则思不达。"专注，对每个人的成功都具有非常重要的影响。上海盛大网络总裁陈天桥曾感慨地说:"抵御住诱惑,不做比做要难多了。"

贯穿于成长和诱惑之间的,必然是一种精神的较量,一种信念的较量,更是一种能力的较量!

你能做到专注吗?

面对成长,面对诱惑,我们不少企业家和经理人往往忽略了一个耳熟能详的词语——专注。

调查结果十分惊人,只有9%的人回答很坚决,58%的人回答得模棱两可,还有33%的人不能做到。面对上面的调查结果,我们不能不忧心。

一个生命机体容易被病毒感染,最根本的原因就是缺乏自身的免疫能力,缺乏抵抗病菌入侵的健壮体魄和坚强的意志。在这个充满诱惑的世界,我们靠什么形成内在的"抗体"与诱惑"绝缘"呢?——专注!

微软公司的比尔·盖茨最聪明的地方不是他做了什么,而是他没做什么。以比尔·盖茨的实力,他可以买下纽约,可以去做房地产,但他专注于计算机操作系统和软件的研发,而不被市场中的其他诱惑吸引。也正因为领悟到专注的真谛,2004年CCTV中国十大年度经济人物之一、腾讯集团CEO马化腾坚定地说:"专注做自己擅长的事情。"

谁也不能否认,这是一个充满诱惑的世界,因此这更是一个需要专注的时代。专注才能生存,专注造就成长。

培养专注力的三个方法

有一位专家说:"注意力是学习的窗口,没有它,知识的阳光就照射不进来。"对每个人来说,注意力的好坏是至关重要的。当我们赞叹、羡慕、向往和崇拜天才人物的成功时,不如从培养自己的注意力开始。培养专注能力的方法是数不胜数的,在此,我们介绍三个最重要的方法。

1.充分运用积极目标的力量

这个方法的含义就是当我们给自己设定了一个要自觉提高注意力和专注能力的目标时，我们就会发现，在非常短的时间里，我们集中注意力的能力有了迅速的发展和变化。

我们想在训练中取得这个进步，就要有一个目标，就是从现在开始告诉自己"我比过去善于集中注意力"。不论做任何事情，一旦进入，就能迅速地不受干扰，这是非常重要的。比如，你今天如果对自己有这个要求，我要在高度集中注意力的情况下，将这一天的工作完美地完成。当我们有这样一个训练目标时，我们的注意力本身就会高度集中，就会排除干扰。

2. 要有培养自己专注能力的兴趣

有了这种兴趣，给自己设置很多训练科目、训练方式和训练手段，你们就会在很短的时间里，甚至完全有可能通过一个暑期的自我训练，发现自己和那些大科学家、大思想家、大文学家、大政治家、大军事家一样，具有令人称赞的集中注意力的能力。

我们在休息和玩耍中可以散漫自在，一旦开始做一件事情时，就要迅速集中自己的注意力，这是一种才能。我们集中自己的精力、注意力，也要掌握各种各样的手段。这些都值得探讨，是很有兴趣的事情。

3. 一定要有提高专注能力的自信

如果我们现在比较善于集中自己的注意力，那么那些天才的科学家、思想家、事业家、艺术家在这方面一定还有值得我们学习的地方，我们跟他们之间还有很大的差距，一定要想办法追上他们。对绝大多数人来说，只要有自信心，相信自己具有迅速提高注意力的能力，能掌握专心这一种方法，我们就能具备这种素质。

我们都是正常人、健康的人，只要我们下定决心，不受干扰，排除干扰，我们一定可以做到高度的专注。

06

锁住心力，抵御外界的干扰和诱惑

把分散注意力的物品清理出去

如果一个人不能集中注意力，那么工作也好，学习也好，效率就会非常低，成绩当然也会比较差。将分散注意力的物品迅速清理出去，不能不说是一个快捷有效的方式方法。

我们如何找出分散注意力的干扰因素并将其清理出去呢？

1. 降低杂音，设法集中注意力

在日常生活中，我们也许有过这种体验。当我们在专心看书的时候，如果有人在附近讲话，即使是悄悄话，也会使我们看不下去书。然而在行进中的火车上，虽然车声隆隆，但是我们能很容易集中自己的注意力读书。可见，外部环境里声音的高低、强弱与对精神集中的妨碍程度并不是成正比的。

如果我们感觉周围有细小的声音干扰了自己，我们或许可以尝试用发出声音的学习方法来进行对抗，从而排除周围声音对自己的干扰，从另一种角度说这也算是清理了分散注意力的因素。这就是声音与声音相比，远处的声音会让我们感觉更小，甚至微乎其微。

2. 暂时抛开烦恼，便于将精力集中

当我们有了烦恼或者杂念时，就会在一定程度上妨碍集中精神和注意力。面对烦恼而又要集中精力工作和学习时，就需要更大的耐力和意志力，想方设法把烦恼暂时忘掉吧。

一般说来，所谓烦恼，都是那些在脑海中绕来绕去的一系列杂念，

比如"如果真是那样该如何是好？哎呀！或许即使那样做也可能有问题……"如果总是碰到这样的情形，我们就可以用纸把它先记下来，并分析为什么会有这样的烦恼，慢慢进行思考，这些烦恼就会渐渐有了头绪，解决的方法也会渐渐明朗，也可以把解决问题的这些方法记在纸上。

把烦恼的心事写下来，我们就能用比较客观的观点去正视它，情绪也会自然而然地变得更镇定了，也比较容易找出最理想的方案。即使不能立刻解决，也要把它写下来，这样可以在一定程度上改变我们的情绪。无论怎样，把烦恼暂搁一旁，不再因烦恼分散注意力，这对目前集中精力处理眼前之事将会有极大的好处。

3. 清理办公环境，提高工作效率

随着现代化进程的加快，我们的办公条件逐步得到改善，同时对办公环境的要求也逐步提高。办公环境的好坏对我们工作效率的影响是举足轻重的。整洁、宽敞、明亮、温馨、舒适的工作环境，会使我们产生积极的情绪，而且时刻充满活力、激情四射，工作效率自然就会大大提高。

清除办公室里分散注意力的因素还可以使办公室的桌椅及其他办公用品保持整洁、规范，做到井井有条。

从办公桌的状态可以清楚地看到员工的状态，能够较好整理办公桌面的人，工作起来肯定也是干净爽快、效率极高的。为了更有效地集中注意力完成好工作，他们在桌面上只摆放目前正在使用的工作资料，其他容易分散注意力的物品一律清除出视线。

即使在临下班休息前也应做好下一项准备工作，为再上班清除分散注意力的物品做好充分的准备；即使去用餐或去洗手间暂时离开座位时，也应将文件覆盖起来；下班后的桌面上只能摆放计算机，而文件或

者资料等应该收放到抽屉或文件柜里，做到干净、利落，整齐划一。

当然，随着办公室设施改革的推进，有些公司已废掉了个人的专用办公桌，而是共用大型办公桌，为了让下一个使用者更好地工作，对共享的办公桌应更加爱惜。

清理办公室的精神环境，旨在营造和谐、健康的环境。"硬件"环境的改善仅仅是提高工作效率的一个必要方面，而更重要的往往是"软件"环境，即办公室工作人员的综合素质，尤其是他们的心理素质和精神状态。

在日常工作中，人际关系是否融洽，是否能够开心地工作是非常重要的。同事之间互相能够以微笑的表情体现友好、热情与温暖，以健康的思维方式积极思考问题，大家就一定能和谐相处。每个同事在言谈举止、衣着打扮、接人待物、表情动作的流露中，都能够体现出自己是否拥有健康的心理素质。

办公室内的"软件"建设愈来愈重要。因为生活节奏越来越快，我们的压力越来越大，"精神污染"会不时使我们工作的意志越来越涣散，削减工作的积极性，乃至影响工作效率、工作质量。

为此，我们要学会选择适当的心理压力调节方式，使大家不受到"精神污染"的影响。作为单位的领导，应该主动关心员工的身心健康，总结员工的情绪周期变化规律，根据工作的实际情况，采取恰当的方式给员工放"情绪假"。

4. 去除疲倦工作，做到张弛有度

有相关实验表明，就集中注意力来说，小学生大概可以持续三十分钟，中学生大致在四十分钟到五十分钟之间，成年人大概是一个半小时左右。这当然还要考虑到具体的个体所处的当时环境，以及工作学习的内容和性质等，一般来说所处的情况不同，持续的时间也会有所不同。

当一个人身感疲倦时，就必须调整一下状态。站久了就想坐下来换个姿势，累了就休息一会儿。一个正常人的生理，就是在紧张与松弛的节拍中获得平衡的基础上才能发挥出自身的机能，一个人累了还在那里硬撑着，对身体的健康来说是有百害无一利的。

为了更好地提高工作效率、更好地健康生活，要尽早清理办公室里容易分散注意力的物品。祝大家开心快乐每一天，高效工作到永远。

06
锁住心力，抵御外界的干扰和诱惑

耐得住寂寞，经得起诱惑

有一个故事说有一个养蚌人，他想培育一颗世界上最大最美的珍珠。于是，他一大早来到沙滩边准备挑选沙粒。他耐心地询问一颗颗沙粒，问它们愿不愿意变成一颗美丽的珍珠，但那些沙粒都摇头说不。直到黄昏他快要绝望的时候，终于有一颗沙粒答应了他。

旁边的沙粒都嘲笑那颗沙粒，说它不是傻瓜就是弱智。去蚌壳里住，深藏海底很多年，远离亲人朋友不说，还见不到阳光雨露，享受不到明月清风，甚至还会缺少空气，只能与黑暗、潮湿、寒冷、孤寂为伍，实在是太不值得了。但是，那颗"傻傻"的沙粒还是无怨无悔地随养蚌人离开了。

几年过去了，那颗沙粒成长为一颗晶莹剔透、价值连城的珍珠。它整日周游列国，在让人们欣赏自己美丽的同时，还赢得了人们的尊重和赞美。而曾经嘲笑它的那些伙伴们，却依然是一堆沙粒，而且有的已经风化成土了。

我们像故事里的沙粒一样，没有真正懂得寂寞的真谛，以致抛弃它，同时也把成功抛弃了。我们耐不住寂寞，以致成为诱惑的俘虏，导致不断地失败。耐得住寂寞是一种心境、一种智慧、一种精神内涵，寂寞蓄积着惊人的力量。也许与寂寞为伴是痛苦的，但寂寞不是一首悲歌，而是一条滚滚向前的大河，在迂回曲折中孕育出幸福和快乐。

诱惑考验自控力，寂寞考验忍耐力

传说西西里岛附近的海域有一座塞壬岛，长着鹰的翅膀的塞壬女妖日日夜夜唱着动人的魔歌引诱过往的船只。在古希腊神话中，特洛伊战争的英雄奥得修斯曾路过塞壬女妖居住的海岛。之前他早就听说过女妖善用美妙的歌声勾人魂魄，而登陆的人总是会死亡的。

奥得修斯嘱咐同伴们用蜡封住耳朵，免得他们被女妖的歌声诱惑，而他自己却没有塞住耳朵，他想听听女妖的声音到底能有多美。为了防止意外的发生，他让同伴们把自己绑在桅杆上，并告诉他们千万不要在中途给他松绑，而且他越是央求，他们就越要把他绑得更紧。

果然，船行到中途时，奥得修斯看到几个衣着华丽的美女翩翩而来，她们的声音如莺歌燕啼，婉转跌宕，动人心弦。

听到这美妙的歌声，奥得修斯的心中顿时燃起熊熊烈火，他急于奔向她们，大声呼喊让同伴们放他下来，但是同伴们根本听不到他在说什么，他们仍然奋力向前划船。

有一位叫欧律罗科斯的同伴看到了他的挣扎，知道他此刻正遭受着诱惑的煎熬，于是走上前把他绑得更紧。就这样，他们终于顺利地通过了女妖居住的海岛。

奥得修斯塞住耳朵、束缚手脚，战胜了海上女妖魔法的诱惑，并历经种种风险，终于回到了朝思暮想的家园。虽然这只是一个神话故事，带有很强的虚构和夸张成分，但是能真实地反映社会的现实。

对于修炼的人，要闯过两关：一是寂寞关，二是诱惑关。诱惑考验的是我们的自控力，寂寞考验的是我们的忍耐力，说到底就是内心的考验与修炼。其实，这个道理是放之四海而皆准的，一个人能通过这两关，必定有所作为。

　　作家刘墉曾经说过，年轻人要过一段"潜水艇"似的生活，先短暂隐形，找寻目标，耐住寂寞，积蓄能量，日后方能毫无所惧，成功地"浮出水面"。

　　一个胸无大志的人，是耐不住寂寞的，他们常常会被外面的花花世界干扰，最后在朝三暮四的动摇与徘徊中浪费了自己的大好时光。如果我们有开创事业的远大志向，能够在浮躁的时代里真正静下心来，踏踏实实地走好每一步，耐得住寂寞，那么我们一定能获得惊人的成就，也会对生活中的寂寞和快乐有更多的感悟。

守住兴趣，它是通往成功最近的路

兴趣在我们的人生中具有非常重要的意义，可以使我们集中注意力，产生愉快紧张的心理状态。美籍著名华人学者丁肇中曾经说："任何科学研究，最重要的是要看对自己所从事的工作有没有兴趣。"也正是兴趣和事业心推动了这位丁教授所从事的科研工作，并促使他获得了巨大的成功。对于平凡如我们的人来说，我们要想走成功的捷径，那么只要守住自己最感兴趣的地方持之以恒地深挖，甘甜的泉水一定能喷涌而出。

兴趣是最好的人生导师

有一天，我去中国移动办手续，看到移动大厅中放着展板，上面花花绿绿地贴着很多东西。因为排队的时间很长，而且平时喜欢凑热闹的我就在大厅里边溜达边欣赏那些插画。

展板上是最近中国移动的一些优惠活动，不同于以往用电脑打印出来的那些生硬刻板的行书，这次的展板完全是有心人用画笔一笔一画地画上去的。画纸上有诙谐可爱的动画，有略见功底的山水画，看得我忍不住啧啧称赞。

旁边一个年纪不大的移动服务人员走了过来，问我需要什么帮助。我对她笑着说，这块展板做得不错，非常厉害啊。那个女孩很得意地说："那当然，这是我们今年刚来的一位大学生画的。喏，他就在那边。"我顺着她手指的方向看过去，一个戴眼镜的男孩坐在位子上，正写着什么。女孩说，他才进来四个多月，现在就是主任了。

说实话，看到那些精美的图画，我感觉这个男孩就是去当美编也不为过，但是人就是这样，只要感兴趣，总能比别人更出色，做出不一般的成绩。兴趣是一个人的生命质量。做一份工作或许只能让我们收获名声和物质上的满足，而做自己感兴趣的工作，却能收获心灵的满足和安宁。

做感兴趣的事最不费劲，最幸福

不知道你是否达到过这样的境界，在我们做感兴趣的事情的时候，我们会达到忘我的境界，工作一点也不觉得累，完全是一种享受。

古代有一位书法家，一练书法就入迷。一天，他正在练书法，妻子送来蒜泥和馒头，他立刻狼吞虎咽地吃了起来。就这样蘸着墨汁吃着馒头，一边吃，一边继续津津有味地练着。奇怪，满嘴墨汁，他怎么就一点儿没有察觉呢？原来，是痴迷使他进入了一种叫作"幸福"的生命状态。所谓幸福不就是全身心投入时的一种感觉吗？

爱自己的事业并全力以赴的人是幸福的。的确如此，当我们在做自己感兴趣的事情时，会感觉特别舒心。只有做自己最感兴趣的事，才能充分激发自己内在的潜力，前途也必然是一片光明。唯有在这种天赋受到重视、能力得到发挥、意志不断被磨炼的情况下，我们才可能达到卓越的境界。所以，选择自己感兴趣的事是走向成功的一条捷径。

人世中的许多事，只要有兴趣作为前提，想做就都能做得到，该克服的困难也都能克服，用不着什么钢铁般的意志，更用不着什么技巧或者谋略。只要一个人还在朴实而饶有兴趣地生活着，他终究会发现，造物主对世事的安排都是水到渠成的。

如果我们感觉自己对所从事的工作缺少热情，没有一点乐趣可言，那么这时候我们就要考虑是否一开始就选错了方向，我们没有选择最适合自己的发展方向。与其强迫自己做，不如主动去寻找那份能够带给我们激情和快乐的工作。

做感兴趣的工作，你一天都不用工作

不论你是谁，身在何处，老迈还是年轻，每天早上起床的时候，都有崭新的成功机会在等着我们；我们之所以会一跃而起，是因为我们热爱自己所从事的工作和事业，深信其中所蕴含的理念，而且这份工作能够让我们的才能得到发挥——这种吸引力使我们每天都迫不及待地投身于工作中。

著名魔术师罗宾说过一句经典的话："选一个你热爱的工作，那么你一辈子连一天都不要工作。"

很多成功人士的经历正好是罗宾这番话的最好印证。比尔·盖茨总结自己的成功之道说："我能够取得今天的成就，与我从小就喜欢电脑是分不开的，回想起来，我不过是选择了自己喜欢的事，爱做的事。"瓦特因选择了自己爱做的事，发明了蒸汽机，掀起了一场工业革命；爱迪生因为选择了自己爱做的事，给人类带来了光明。

一定要有自信，相信只要通过奋斗就可以找到自己的事业。兴趣与成功的关系极为密切，它是我们工作的主动激发力量。综观成功者的奋斗历史可以看出，几乎所有的成功者之所以能够取得成功，都与他们深深地爱着自己所从事的工作有关。

从现在起，就找一份满足自己兴趣的工作，集中全部精力去做好它，这样我们的生活就不会再感到乏味，身心也不会再疲惫不堪。每天早上一睁开眼，我们就会感觉又是一次新生，因为我们的爱好正等待着我们，热切地等待着我们对它们注入更多的爱。

抵御诱惑，把资源聚焦在最感兴趣的事情上

很多人说钱是最重要的，所以即使有自己的爱好和追求，也会因为这些爱好不能收获利益而将其粗暴地扼杀在摇篮中。在人生道路上，谁也不能否认物质的重要性，但一个人发自内心的开心却是千金万金也无法买到的。成功的奥秘没有别的，不过是从事自己所爱的工作罢了。无论做什么，我们都要做得出类拔萃，别让名利阻碍了我们对理想的追寻。

成功人士都有一个基本的特质，那就是他们能够找出自己的长处，而且不管别人用多么异样的目光注视自己，他们都会全力以赴，不达目的决不罢休。

在这个世界上，很多人每天都在做着与自己的兴趣截然不同的工作，他们往往自叹命运不济，一心期盼机会来了再去做称心如意的工作。这些人一般不去思考促成事业成功的必要因素，甚至把做事业看得过分简单，因此也就不能集中全部精力去工作。他们不知道，在一项事业上的经验就像一个雪球，随着人生轨迹的延伸，这个雪球永远都是越滚越大的。所以，任何人都应该把全部精力集中在自己感兴趣的事业上，专注于一个方面不断地努力。这样，我们在这方面所花的功夫越大，获得的经验也就越多，也就越容易成功。

成功的基本要素之一正是精于自己所感兴趣的工作，我们必须不断练习以使自己的技能趋于完美，才能精通自己所在的领域。许多成功者的经验告诉我们：明智的人最懂得把全部精力集中在自己最感兴趣的事情上，唯有如此方能"在一处挖出井水来"。如果我们想在某一个重要的方面取得更大的成就，那么就要大胆地举起"剪刀"，把所有微不足道的、平凡无奇的愿望断然"剪去"，努力在自己最感兴趣的领域里一展才华。

人心简单就幸福，人生要做减法

埋头做事，专心工作，精益求精，是一件非常好的事情。让人专注，集中精力，不想其他无关的事，让人把心思搁在一旁，沉浸于现在，不要想永远的过去和遥远的未来。让我们在做事情的过程中，不断感受走向成功的快乐，丝毫没有完不成任务的焦虑心情，丝毫没有对任务本身产生质疑的想法。

埋头做事，说到底就是给生活"做减法"，给人生"做减法"。虽然只是这一个"减"字，却是奥妙无穷，却能很奇妙地"减"出美好来。

如果我们没有这样深刻的认知，不懂得做"减法"的意义，并且经常有意识地去实践，那么我们的生活就很有可能被搞成一团糟，人生也会被折腾得憔悴不堪。其实这样"做减法"，跟摄影技术有着惊人的相似。好的照片，就是对画面中的景物做出有意的取舍，关注并突出我们要表达的部分，虚化或者删除影响画面整体美观的部分，这样好的作品自然就会产生。

在具体的生活工作实践中，我们在许多时候似乎都牵扯着一些看似与其相关的东西，但实际上，它们的存在从本质上说并不会影响我们的工作与生活。如果我们心中有智慧、眼前有明灯，自觉地把它们抛舍出去，那么我们就一定会变得烦恼不再，生活充满灿烂的阳光。不是说"舍得""舍得"，有舍有得吗？

生活琐事需要我们做 "减法"

原先我认为，城市是美好的对立面。它虽能给人方便，但是很难让人幸福；它虽能让人舒适，但是很难让人自由。白天的城市是美与丑的综合体，平整笔直的大道是美的，长时间堵车和汽车的尾气排放却是丑的；高低错落的建筑能给我们带来视觉上的享受，窗台外晾晒的衣物影响视觉也是丑的；越来越多的美化绿化是美的，无处不在的噪音却是丑的……到了夜晚，许多的丑都看不见了，都在我们的眼中被"减"去了，留下的只有繁华城市的灯火通明。这样的"减"法，去繁就简，丢乱存净，便成为抵达美好境界的捷径。

专注于做事情的过程本身，专注于美好事物本身，我们要学会"做减法"，就能得到内心的宁静和精神的快乐。

古籍经典告诉我们要做"减法"。柳宗元的《蝜蝂传》讲的是蝜蝂"善负小虫"的故事，它经常"行遇物，辄持取，昂其首负之"，时而"背愈重，虽困剧不止也。其背甚涩，物积因不散，卒踬仆不能起。"此时"人或怜之，为去其负。苟能行，又持取如故。"但是它"又好上高，极其力不已，至坠地死。"

蝜蝂出于本性，只会盲目地做"加法"：在重量上一味地"加"，妄图把遇到的东西都背起，贪多负重，以至于被压得"踬仆不能起"；在高度上一味地"加"，一味向高处攀爬，用尽气力也不肯歇息，最终却落得"坠地死"的悲惨结局。

与其说蝜蝂是死于"力不已"，毋宁说是不自量力的过分的"加法"。这对后人应该是一个明确的警示，但是时至今日，仍有许多人依然喜欢做"加法"，而不愿静下心来做"减法"，宁可背负沉重的负担而死，也不愿舍弃对自己来说原本就是多余的身外之物。

因此，我们要学会减掉不切实际的贪念欲望。有些人活得很累，其实是心里累，放不下追名逐利的心结，就会活得非常累；心存不切实际的贪念欲望，就会带来不少烦恼。

一些领导干部如果总是汲汲于权名利禄，整天执着于职位的升迁，当然会感到很累。对于胸怀不切实际欲求的人来说，累是唯一的结果。如果一朝被提拔重用，马上就会重新树立新"目标"，而一旦目标不能实现，就会有失落感，造成心理失衡，容易患得患失。

这道"减法"的关键就在于，领导干部要学会正确对待欲望，实事求是地分析自己和所处的环境，正确认识自己和他人，有选择地进行舍弃，减去做官比做事更重要的官心，减去不切实际的"功名之心"，减去对金钱美色的爱慕之心。"君子寡欲则不役于物，可直道而行"，只有减去这些不切实际的繁杂之心，有所为有所不为，剩下的才能是务实清廉的为民之心。

减掉不必要的交际泡沫

在现实中，应酬和交际过多依然是困扰领导干部的一个大问题。领导干部肩负重任、手握公权，"推不掉"的交际应酬经常接踵而来。朋友相邀、难以推拒，今天是送行酒，明天是接风宴，不去不给面子。林林总总，名目繁多，其中心术不正之徒大有人在。许多人从此迈出了堕落的第一步。

这个"减法"的关键在于，只有减掉了并非必要的交际，我们的领导干部才能回归本真，才能把主要精力放在学习、工作和家庭生活上，才能圆融通达地生活，收获充实、和谐、有尊严的人生。

学会不为小事抓狂

专家提醒我们从小处预防，防微杜渐，别为小事抓狂。时下我们的生活普遍都很紧张，工作压力大，心绪浮躁。人生苦短，我们要学会不为小事抓狂。

很多人都在为一些不必要的小事忧心忡忡。他们始终认为，"想成功，就要日夜努力，奋斗不止"。然而，生活本身就不可能十全十美，每个人都不可能事事顺心如意。只有不为小事抓狂、抓住主要矛盾，才能高效地使用自己的精力。而一个人事业的成功并不能代表这个人真正的成功，真正成功的人是真正拥有幸福人生的人。一个成功的人生，要能返璞归真、回归本性，学会"不为小事抓狂"。

在内心专注做"减法"，我们的事业和生活将会受益无穷。

07
没有思维的蜕变，何来自我管理

思维的过程，就是信息内容处理的过程，其中包含了对信息的接收、加工、储存和传递的过程。然而，并非每个人都拥有强大的思考力。想要获得这样的能力，我们必须能够按照正确方法，对思考的过程做出有效的控制，保证思考的依据和结果都能反映正确的信息。更重要的是，只有当我们获得了正确的思维能力之后，我们才能走上全面指引自身行动的道路，并获得最好的自控能力。

拆除思维里那道破旧的墙

一部好戏，都是由优秀的编剧、导演、演员等共同写作配合完成的；一所好的学校是由优秀的校长带领众多优秀的中层干部、骨干教师，培养健康、快乐的学生共同缔造的。如果每一个"角色"都能够对自己进行准确的定位，拿走阻碍思维的椅子，积极进行创新思维，全身心地投入"表演"，那么等待这些"角色"的不仅仅是工作的快乐、前途的锦绣、事业的成功，更是这一任"角色"基业的有效传承！

研究表明，人与人之间的智商和情商都是差不多的，真正特别聪明的和尤其愚蠢的都只占极少数，那么是什么决定了我们的成功呢？答案就是我们的思维，我们的思维模式，即我们所说的思路决定出路。有好的想法就会有好的结果，反之，墨守成规的想法则会阻碍我们的进步。

阻碍思维的因素都有哪些呢？

1. 老习惯、老认识

老习惯、老认识，指的是我们在特定的实践领域里形成的一些思维方法。在原有的领域内某种思维方式是适用的，但是超出这个范围它们就可能不再适用了。但是由于这些老习惯、老认识的作用，我们总是习惯于用原有的观念去认识、评价面对的新问题，而不管这个问题是否超出了原有实践和经验的范围。一旦思维超出了原有的实践和学科的范围而进入了一个新的更大的领域，那么只适用于原领域的老习惯、老认识只能起到排斥新思想、扼杀新观念的作用。

2. 思维定势

所谓思维定势是指心理活动的一种准备状态，它直接影响我们思考、解决问题的倾向性。当我们思考问题时，或多或少都会在头脑中形成一种思维惯性，这种思维惯性使我们在新问题面前仍然习惯地按照原有的思路进行思考。

思维定势和思维对于解决经验范围以内的常规性问题仍然是有用的，但面对新形势、新问题时，它往往会使我们局限于某种固定的反应倾向，跳不出固有的框框，打不开新的思路，从而限制了我们的创新思考。

3. 老思想、老传统

我们的脑袋在思维加工的过程中，对材料的选择和组织，对问题的评价和解释，在很大程度上取决于老思想、老传统。这种老思想、老传统的产生都是以当时的实践水平和历史文化发展作为基础的，因而有它产生的客观根据和长期存在的合理性。实践日益发展，时代向前迈进，深藏于我们头脑中的那些老思想、老传统则不愿随实践和时代的改变而改变，而成为一种思维的惯性力。这时，它们就成为阻碍思维的椅子。

为了更好地创造性地做好事情，我们要拿走阻碍思维的椅子，把握好自身的角色，积极进行创新思维，也就是说要持有怀疑批判的精神。由于老思想、老传统、老习惯、老认识和思维定势都是存在于人脑的潜意识中，我们不自觉地就会受到它们的支配，因此要想克服这些因素，就要求我们必须有反思传统、习惯的自觉意识，要持有怀疑批判的精神。

马克思有一句著名的格言："怀疑一切。"马克思正是用这种怀疑批判的精神去审视前人的实践和理论成果，他怀疑古希腊的柏拉图、亚里士多德，怀疑黑格尔、费尔巴哈，正是由于他批判地继承，才创造性地建立了自己的理论体系。

要破除老传统、老习惯，克服唯上唯书的倾向，是需要勇气的。因为这些传统的东西、权威的东西往往都是为社会多数成员所承认和接受的东西。要想突破它们，就意味着向多数人挑战，而这种挑战经常伴随着挫折和失败，所以，我们要努力克服胆怯心理，如果时时处处怕犯错误、恐于失败，就会永远陷于保守，也就谈不上开拓创新。

为帮助我们突破老传统、老习惯和思维定势，现代创造学总结出一些非常实用的原理和方法，掌握这些原理和方法能帮助我们自觉地抵制和克服各种思维障碍。例如：创新思维有一种重要的方法就是逆向思维方法，这种方法就是把我们通常思考问题的习惯思路反过来，从相反的方面、相反的角度进行思考。逆向思维可以帮助我们打破既有的思维定势，寻找到解决问题的新思路、新方法。如果我们善于运用这样的一系列方法，就可以自觉地抵制各种因素的干扰，实现思维的创新。

打破定势思维的枷锁

开篇之前，我们先来解答两道题目。

题目1：有一个人从五楼往下跳，却没有摔死也没有摔伤，究竟是怎么回事呢？

大家肯定一头雾水、一时语塞，好半天不能回答上来。对于一般人来说，经验之一是听说有个小孩子从三楼不慎跌落不治而亡；经验之二是新闻上有个油漆工在四楼油漆窗户时不慎失手坠地气绝。从五楼跳下去却不死不伤，那怎么可能呢？

真正聪明的人却不这样想，他们能走出思维定势，心想这个人为什么一定要向外跳呢？难道他不可以站在五楼的阳台上向屋里跳呢？他难道就不会在五楼的室内原地跳起原地落下吗？因为问题说的是"往地下跳，并没有强调一定要往楼下的一楼空地上跳"吗？

题目2：有人晚上举着一支蜡烛进屋，却看不见墙上的挂钟，那是怎么回事呢？

有人不假思索地回答："那人一定是个盲人！"因为生活经验告诉他，看不见眼前事物的人一定是双眼失明的盲人。他根本就没有想到"那支蜡烛没有点燃"。当然，这些都是思维定势在默默地起作用。

由此看来，经验和习惯都很容易在我们的思维活动中形成一种定势、形成一种惯性，从而产生妨碍思维活跃的隋性。

思维定势的概念我们在上文中已经阐述过，就是由先前的活动而造成的一种对活动形式形成固定模式的特殊的心理准备状态，或者说是活动的倾向性。在条件不变的情况下，定势往往使人能够应用已掌握的方式方法迅速准确地解决问题。而在情境发生不断变化时，它就会妨碍人们运用新的思维、采取新的方法。思维方式总是摆脱不了原有"条条框框"的束缚，表现出消极的思维定势。

消极的思维定势是束缚创造性思维的最大枷锁。举个简单的例子：如果同时给我们看两张照片，一张照片上的人英俊、潇洒、文雅、恬静；另一张照片上的人丑陋、粗俗、不修边幅。然后对我们说："这两个人中有一个是全国通缉的要犯，要指出谁是那个罪犯。"我们大概不会犹豫吧！

走出思维定势的限制，一定会是柳暗花明，一定会收到意想不到的效果！大家都知道，比利时的首都布鲁塞尔有一个"撒尿小男孩"的塑像，那个孩子天真烂漫的形象使路人看着感觉十分开心、十分快意。

有一天，忽然有人发现那个叫朱利安的孩子塑像撒出来的尿似乎有一股醇厚的酒香，不知从什么时候起不再是无色无味的自来水了。于是，渐渐地围上来不少人议论纷纷。

有一个勇士觉得不亲口尝一尝，无论如何都不能确认到底是不是酒。他索性用手捧起来尝了尝，兴奋不已，惊喜地告诉人们："这是极好的啤酒，从未喝过质量这么好的啤酒！"结果在场的人们立刻蜂拥而上、争先恐后，痛痛快快地抢着喝起了朱利安的"尿"。

等到大家都喝了个痛快后，这才意识到要打听打听：哪个酒厂的酒竟有如此之好！

原来，啤酒是比利时的撒利尔酒厂生产的。他们只是苦于市上的啤酒品牌太多，又恐于人们没有耐心去细细品尝了再买。酒虽好，但是销售得不怎么好。如果将啤酒摆在大街上任人品尝自然可以吸引人，但是这种老办法不妨会产生勉强推销之嫌。

有什么更好的办法呢？老板为此整天愁眉不展，忧心忡忡。一天，他经过"撒尿小男孩朱利安"的青铜塑像前，看到朱利安造型生动、神态天真、活泼可爱，顿生这样一个念头：如果把啤酒变成"尿"，让朱利安"尿"出来，当人们闻到酒香后，不就会寻根索源吗？

说干就干。果然，在先前撒利尔酒厂的酒没有引起人们过多的注意，当把啤酒变成"尿"之后竟立刻声名大震，一发不可收拾，很快就成为布鲁塞尔市民一尝为快的名酒而被誉为"抢手货"，酒厂的老板后来成为了一个大资本家。

这个主意是大胆的，极富创意的。想到这个办法的老板当然知道做啤酒生意惯用的手法——免费品尝！但是免费品尝的方法往往使人产生心理抵触，认为酒质不好的酒才采用这种销售下策。即使品尝了，大家也不见得一定就会说好。

老板一反常规，在思维上突破定势，把啤酒变成了朱利安的"尿"，将免费品尝的大字醒目标语或者吆喝声、叫卖声变成了朱利安醇香四溢的"尿"，召之即来，来之即品。人们是在不知不觉中被"尿"吸引过来的，又是心甘情愿、争先恐后地去喝"尿"的，剩下的自然就是打听"尿"的来源。撒利尔酒厂当然名传遐迩、效益日涨，厂里生产的美酒汩汩地流进了人们的心田。

大家都知道，秦桧是出了名的大奸臣，岳飞则是著名的抗击外族的将领。但是，又有谁知道，秦桧的孙子可是著名的爱国将领，而岳飞的孙辈里则有极为恶臭的汉奸呢？其实，改变思维定势并不难，要清理思维定势：

1. 要拥有创新的思维视角

一方面任何事物都是复杂多变的，每一种事物都具有很多不同于其他事物的属性和特征，从不同的角度去考察、去分析，就能相对全面地接近事物的本质。另一方面世界上的各种事物又都是相互联系的，它们与其周围的环境存在着千丝万缕的联系。

2. 要拥有转换思维视角的方法

变顺着想为倒着想；从事物的对立面出发去想；设身处地，换位思考。

3. 要转变问题，获取新视角

把复杂的问题简单化；把生疏的问题转换成熟悉的问题；把不能办到的事情转化为能办到的事情。

4. 敢于自我超越

突破理论、超越习惯、超越经验、超越自满、超越现实。

最主要的是我们要以理性的思维、科学的理论知识作基础，以实践经验不断修正，全面思考，最终我们就会创造出更辉煌的人生。

乐观面对危机，结果没有想象的那样糟

危机，有广义和狭义之分。从广义上说，就是突然发生或有可能发生的危及组织和企业形象、利益、生存的突发性或灾难性事故、事件等。这些事故或事件往往都能引起媒体和公众的广泛关注，对组织和企业正常的工作造成极大的干扰和破坏，使组织陷入一定的舆论压力和困境之中。机智处理和有效化解危机事故和事件，将危机转化为发展的契机是对组织和企业最具挑战性的考验。从狭义上说，就是指令人感到危险的时刻。

面临危机，我们要拥有良好的心态进行积极应对。

曾经有一个11岁的小女孩患了一种神经系统的疾病，疾病使她日渐衰弱，几乎使她无法走路。医生对她的康复并不抱丝毫希望，并预测她的余生都将是在轮椅上度过。

这个沉痛的打击，对一个11岁的女孩来说简直就是人生危机。但是她毫不畏惧，躺在病床上一直发誓，总有一天自己会站起来的！

终于有一天，她再次用尽全力想象自己的双腿又能走路时，结果奇迹真的发生了！床动了！床开始在房间里移动！大幅度地移动！她几乎快要喊破了喉咙："看看我！看啊！看啊！我动了！我真的可以动了！"此时此刻，医院里的每一个人都尖叫起来……器材也掉了下来，玻璃也破碎了。

这就是曾经发生的旧金山大地震，但是没有人把这个天灾告诉小女孩，她相信自己真的能动了！现在，才不过几年的时间，她真的回到学校上课了！她用自己的双腿站起来，既不用拐杖，也不用轮椅。

可见，用积极的态度面对生活、面对危机的人，不仅能战胜困难，而且有可能创造出人间的奇迹。其实，世界上从来就没有绝对完美的事，每件事都有正反两个方面，关键是我们选择哪个角度来面对问题，是以积极的还是消极的方式来处理问题。当我们面对任何一件事，尤其是危机时，如果能够做出一个积极的明确的选择，养成积极乐观的习惯，我们的生命一定会充满活力，内心也会洒满阳光，人生也会因此而更加精彩。

对个体来说是这样，对家庭、企业、国家等集体也是如此。当然，没有人愿意面对任何危机，但是如果危机真的已经成为事实，那就应该把危机当作一种常态。徒劳的悔恨、抱怨都于事无补，大叫"早知今日，何必当初"也无济于事，更不是急于追究责任的时候，而应该把精力放在全力以赴地处理危机上。

积极地正视危机，全力以赴地有效处理和应对危机，化危机为契机。首先要对危机采取紧急措施，尽力缓冲、减少危机对我们造成的危害和损失。

要想真正摆脱危机的控制，就要在制定防卫策略的同时，积极地从危机中发现可以利用的机会。一旦抓住了机会，就有可能及时将防卫策略转化为发展策略。经过危机的洗礼之后，我们才有可能实现突破性的发展。

摆脱危机没有任何捷径可走，也没有什么高招可支，既没有什么神仙皇帝来当救世主，更不没有英雄豪杰替我们战死疆场，只能靠自己拯救自己。总之，当危机来临时，一定别把心思放在已经无法改变的危机上，而应放在思考如何改变上。如果第一个念头就是"完了，这下可完了"，这种念头一出现，就证明我们的勇气已经少了一半。如果我们的念头是：哎呀，不好，我得怎样补救呢？这样的信念表明我们勇气可佳。

第一种念头，基本不会成功，抗挫折能力较低；第二种念头，基本可以成功，因为它体现了乐观者必备的信条。

乐观的人遇到问题时，先问"这件事情有什么意义"，回答出这一点来，他们就会开始着力弥补。弥补完之后，他会说"万幸，我提前知道了这个不足"。在这种观念背后体现的是一种"一时的成败，不是真正的成败"的哲学理念。

人生都是由不同的阶段组成的，在这一阶段不成功，只要努力了，即使失败了，也会成为下一个阶段的教训。弥补了它，再接再厉就能获得下一个阶段的成功。之后，再将成功转化为经验，连同第一个教训一起给下一个阶段的人生以指引。如此往复，一个成功的人生就能成就了。

心向阳光的人，好运总会追随他

悲观的人习惯将成功者称为"幸运儿"，而将自己的"不遇"归咎为运气不好。英国心理学博士李察·韦斯曼揭示出了幸运的配方：外向、开朗的个性容易感染周遭的人，容易交结人脉网络，也比较容易有好的机会，得到别人的帮助。看来，人不是生而幸运的，而是人创造了幸运。运气不在别处，它就攥在我们自己的手中。

任何人都愿意帮助乐观者，也愿意与乐观者进行交流，因为与乐观者交流我们会得到鼓励，会找到榜样，而与悲观者交流，得到的只是更悲观。显而易见，我们都会主动结交、认识乐观者。因此，我们要用好心态来对待事物吧！只有这样，我们才能在任何风吹雨打面前都能坚强地生活着。具有良好的心态，运气自然会来和我们相会。

因此，我们要学会做一个心向阳光的人，要学会乐观，最有效的方法就是进行积极的心理暗示，以下是进行积极的心理暗示需要掌握的一些原则。

1. 先要把自己想象为一个成功者

世界上卓越的军事家拿破仑在带兵横扫欧洲之前，有很多年曾在自己的内心想象"演习"军事。有关世界成功者的历史资料告诉我们，拿破仑曾在上学时专门做的读书笔记就有 400 页之多。他就把自己想象成一个作战司令，画出科西嘉岛的军事地图，并且经过精确的数学计算，标出可能布防的各种具体情况。

世界旅馆业巨头康拉德·希尔顿在拥有一家正式的旅馆之前，很早就想象自己在成功经营旅馆。他在孩提时代，就常常"扮演"旅馆经理的角色。成功后的希尔顿终于使自我暗示反复强化的"心理图像"梦想成真，终于将自己的连锁店发展到世界各地。

亨利·凯瑟尔曾说，事业上的每一个新成就在成为现实之前，都已经在想象中预先实现了。这简直就是奇妙无比啊！难怪有人把"心理图像"称为"魔术"，这个比喻一点儿都不过分。

2. 绝不进行自我诋毁，相信自己行

在生活中，有不少人总是在不停地进行自我诋毁：我差得多，我不行，我不够好看，我简直太倒霉了，我实在是太不幸了，从小到大从没有人真正地欣赏过我、鼓励过我，这个世界上再不会有人真的爱我了等。

根据我们的遭遇，我们开始的心理图像具有一定的真实性，但因为我们缺少积极的自我暗示，我们的心理图像就变成了被动的、定型的相片悬挂在自己心灵的墙壁上。

我们不妨大胆地试想一下，假如我们每天都一动不动地盯着一张自己愁眉不展的照片，想有好心情才怪呢？现在，我们的问题就是自己在自己的心里挂上了这样一张倒霉的照片，但是绝不要忘了，我们都有自己的能动性，只要我们想，我们就立刻能取下那张愁眉不展的照片换上一张新的——开心的、快乐的、阳光的、欢笑的照片。一旦我们心里的照片笑起来，我们也会自然而然地笑起来。

为什么会这样呢？因为我们的心理暗示变了，积极的心理暗示会把我们从自闭的阴霾中解放出来，让自己看到了头顶的一片蓝天。

3. 要以心智赢得世界

要做到在失意中肯定自己的确不容易。一旦真正学会在失意中肯定自己，我们就等于在与失意的战斗中取得了胜利。纵观人生，可以说是由两大战役组成，一是和外界斗，二是和自己斗。在现代文明中，一方面和外界的斗争更需要我们的智力和心力，另一方面战胜自己更是现代人的精神需求。"不以物喜，不以己悲"说的就是要用心智赢得世界的道理。所以，不管我们失败得多么惨烈，只要我们相信自己，积极的自我暗示一定会把我们带出情绪的低谷。

4. 无论如何都要感受欣赏自己的美丽

在生活中很多女孩都羡慕电影明星的容貌，甚至渴望自己也能拥有和明星一样的金发碧眼，积极打造明星般的身高、三围和玉腿。但是事实上，上帝就是这样不公平，小气地连半个优点都没给我们不说，而且把那些惹眼的雀斑撒在了我们的脸上，让我们非但不愿不敢照镜子，甚至羞于在五彩缤纷的大街上走走逛逛。但是请不要忘记，还有一种美丽是上帝恩赐给我们的，那就是创造的美丽。美丽完全能够创造，正如世界上所有的神奇和财富，但是如果我们自闭多时，就会养成自惭的习惯。

比较有效的方法是：把现实的自己当作孩子，把心里的自己当作"孩子"的母亲，我们很快就能找到一种全新的感觉。正因为母亲都疼爱自己的孩子，只有母亲才能看到孩子美丽的全部，那是母爱的力量，也是母亲赐予孩子的最珍贵的礼物。

难怪心理学家说，一个称职的健康的母亲可以让自己的孩子变成美丽的值得骄傲的天使，当然也可以使他变成丑陋的邪恶的罪人。当我们在想象中做了自己的母亲时，我们就会看到自己前所未有的美丽。

5. 把责任交给内心的"成功机制"

事实上，每个人的内心都有一套"成功机制"，这就是平时所说的进取心，但是进取的动力一方面需要靠压力和强迫，更要紧的是靠肌体的健康和目标的确立。一个具有积极自我暗示的人不会轻易放弃自我设定的目标，但假如这时的身体过分紧张，甚至处于透支状态，也绝不利于进取心的发挥。所以，无数事实告诉我们，劳累或生病时要学会放松，把责任心交给内心的成功机制。一旦我们的身心都得到了调整，重整旗鼓后的我们一定会别开生面。

6. 绝不要妄自夸大不幸

我们都重视自我，对于不幸都善于夸大。童年家庭的不幸，生活境况的不称心，一次工作上的失误，一次疾病的突然袭击等，都有可能使消极的自我暗示变得更加消极。其实很多时候，真正让我们感到不如意的不是惨不忍睹的现状，而是我们糟透了的心情。

人生没有过不去的坎。虽然所有不景气的发生都无必然性，但对于长长的人生之路和具有能动性的人来说，世上就没有"坚守阵地"的永远的不幸。所以，一旦学会战略上藐视不幸并且在战术上重视它，我们不但能很快地"转危为安"，而且能把所有的失落和挫折变成未来创造巨大成功的必要财富。

心向阳光的人，好运总是跟随他。乐观是可以通过学习来获得的，特别是积极的心理暗示，我们想成为什么样的人，一切都会心想事成。

看不惯别人，往往是自己修养不够

　　有一个砖商由于销售业绩好，遭到了一个竞争对手的妒忌。那个竞争者的销售业绩不好，便处处与他为难，后来他索性就在客户圈子里散布谣言，说砖商的公司涉嫌欺诈。砖商得知后怒火中烧，很想把那个造谣者痛扁一顿。

　　砖商的一位牧师朋友得知后对他说，对于那些为难你、给你制造麻烦的人，你要学会用积极的心态去面对。与其和那些给自己找麻烦的人针锋相对，倒不如做好自己的事情，因为你的目标是把生意做好。砖商仔细考虑了牧师的话。

　　不久之后，这位砖商的一个客户说需要一批砖料，而符合客户需要的砖料恰恰是那个为难自己的竞争对手生产的。是抓住这笔生意的机会，还是装作不知道，让对方得不到这笔生意呢？

　　砖商陷入了矛盾之中。最后，他想起了牧师的话，也许是为了证明牧师是错误的，他最终拨通了竞争对手的电话，告诉他这个消息。

　　那个散布谣言的对手非常感激砖商，并对自己因嫉妒而为难对方的行为表示后悔和无地自容。后来，那个对手不但停止散布谣言，而且经常给砖商留意一些适合他的项目，他们从冤家对头变成了很好的合作伙伴。

　　无论是在生意竞争中、工作中，还是在日常生活中，难免都会遇到很多我们看不惯的人。都说同行是冤家，对于我们的竞争者或者对手，我们当然是很难看得顺眼的。从严格意义上讲，除了那些为难我们、跟我们存在直接利益冲突的人，我们没法有好眼色之外，在生活中我们能看得惯的人也是屈指可数的。这是因为每个人的生活环境和性格大都是迥异的，甚至有着天壤之别，想要找到一个看得顺眼的人并非易事。

学会喜欢自己看不惯的人

有人问打工皇帝唐骏："怎么和讨厌的人相处呢？"

唐骏说："学会喜欢别人。"

那人又发问："明明不喜欢，学会去喜欢，这不是委屈自己吗？"

唐骏笑着说："你又不需要跟他过日子，那么较真干什么？最关键是要和别人建立和谐的关系，把事情圆满解决。反思一下，如果我们不喜欢别人，别人也肯定不会喜欢我们，相互不喜欢，事情就变得难办了。"

唐骏的话说得很有道理，他道出了人际交往的真谛：要学会去喜欢别人。无论是内心多么厌恶的人，如果没法做到，就证明自己的包容心和修养不够。因此，我们完全可以试着换个角度去看待生命中那些为难我们、让我们看不惯的人。

事实上，当我们在某一方面被别人为难时，其实就证明我们在这个方面有所欠缺，就应该反思。如果我们执拗地向那个方向发展，必然会让我们感到更加困难。与其坚持一直走到黑，倒不如换一条光明的道路。

一般来说，与我们为难的人，可以分为善意的和恶意的。善意的为难叫关爱，恶意的为难叫磨练。有的时候，表面上看起来是刁难，实质上是对我们的爱护。如果对方是我们的上司、领导或者长辈，他们对我们的为难，有可能是出于对我们的培养、锻炼和考验。如果我们确定这一点的话，我们就应该感到庆幸，因为我们在上司眼中是一个值得培养的人。

另一种情况则是保护我们。当有才能的我们在职场中小荷崭露尖尖角时，我们很有可能会成为众矢之的，被很多眼睛发红的人当作攻击的目标。那么，赏识我们的领导一般会采取这种为难我们的方式来保护我们，而他又无需向我们多解释。在这种情况下，我们应该学会看清形势、洞察人情，理解领导的良苦用心。

对于那些恶意的为难，无论是出于嫉妒还是其他的原因，我们都不要与他们正面为敌。因为即使对方是小人，也绝不会是阴险的小人，只是层次比较低的小人，他们最多就是通过为难我们发泄自己心中的不满。而这种由于嫉妒产生的为难，几乎随时都会在职场中出现，我们要学会小心翼翼地做事，严格要求自己，不该说的不说，不该做的不做，不让别人抓住"小辫子"。时间长了，我们的工作会变得更有条理，目标明确，结果完美。而我们自己呢，也会在这个过程中获得进步。这一切，不能不说是归功于那些刁难我们的人。

虽说人生如战场，但是人生毕竟不是战场，战场上是你死我活的关系，而人生则是需要和平共赢的。战争总是劳民伤财，给我们带来的是伤亡、破败，也就是倒退，即使战争最后取得了胜利，也是需要很长时间才能恢复的。两次世界大战就是最好的例证。人生的竞争也是一样，针锋相对只能是鱼死网破、两败俱伤。弱肉强食虽然是铁律，但是人类社会毕竟不是动物世界，人与人之间的合作还是非常重要的。

提高自我修养，做处世成熟的人

我们要不断提高自我修养，懂得去接纳与自己完全不同的人，把自己变成一个处世成熟的人，只有这样我们的事业和人生才能进入另一个新境界。

1. 三思而后行，先要控制自己的情绪

一定要学会自我控制，遇到看不惯的人和事，先要冷静下来，三思而后行。如果看到自己看不惯的事情就发火，不但解决不了问题，而且还会激化矛盾。同样地，别人也有火气。

心理学家证明，当人处在情绪失控的情况下，是完全非理性的状态，在这种状态下既没有办法进行有效的沟通，也解决不了任何问题。所以，一定要先冷静，三思而后再思考解决的办法。

2. 懂得包容，接纳性格迥异的人

有句俗话说："人上一百，行行色色。"说的就是有的人性情沉稳、做事细致认真；有的人做事咋咋呼呼、毛毛躁躁；有的人做事果断泼辣；有的人做事优柔寡断、犹豫不决……

每个人都不是十全十美的，都免不了有这样的缺点、那样的毛病。况且，大家都生活在竞争激烈的现代社会，既然是同事，能在茫茫的人海中相遇已经很有缘分了，就更应该互相体谅，不能求全责备，不能总是挑别人的毛病、看别人的不足。

这些都是性格原因造成的，根本不涉及做人做事的原则问题，为什么还要相互看不惯呢？包容的前提是理解，性格的形成受到环境、教育、经验等多方面因素的影响。

3. 明白人人都有可取之处

每种性格都有优缺点，都有适合发展的方向。这就像骏马擅长奔跑，水牛适合耕地一样。无论哪种性格更好，只要人尽其才，每种性格都能取得成功。因此，无论遇到什么人，我们都要善于发现别人的闪光亮。

4. 要主动去交流

看不惯就不要看，实在看不下去了，就找个机会跟他开诚布公地说一说，这样大家就能交流自己的想法，对方也能知道自己的做法伤害到了别人。我们尊重别人，别人也会尊重我们，自然也会克制，如此一来

不就做到了双赢吗？所以，看不惯他人，就要积极地从自己身上找原因，实在找不到了，就要积极地从如何更好地解决问题的角度去思考和行动。

5. 只有互补才能成功

我们要主动地与不同性格、不同优点的人融洽相处，这样才能获得良好的人际关系。那我们应该如何做呢？

首先就需要承认差别，并从思想上摒弃只有自己才是最好的，其他人都是二流人物的想法。比如：只要听我的就可以获得成功，不听我的就永远不能成功的自傲心理。其次就是求同存异。许多事情只是处理方式的不同，根本不涉及原则问题，在这个前提下，不妨先从大家都认为对的地方入手，在做的过程中我们的想法会逐步趋同。

不做心智模式的奴隶，要做心智模式的主人

一位劲男自驾车在崎岖的山路上飞驰，突然前方不远的拐弯处迎面开来了一位靓女所驾驶的红色跑车，正歪歪斜斜地向他疾驰而来。说时迟那时快，他们都迅速努力地减速并打正自己的方向盘，以避免撞车。

这时，跑车上的女人伸出手指了指说："猪。"

男人立刻回应她道："母猪。"

男人得意洋洋地开着车扬长而去，在他刚拐过弯的时候，突然发现前方真的有一头猪，但是已经来不及了，被撞了个正着。

原来那女人说"猪"的意思是告诉他当心前方有猪，而她也正是为了避免撞到猪才出现了刚才惊人的一幕，而那位劲男依据固有的思维模式以为她在骂自己，便回应她以"母猪"。正是这种根深蒂固的旧的思维模式，导致了他错误地理解了相应的提示，而且还自我感觉良好，自认为在这个世界上人无完人。

什么是心智模式呢？按照我们通常所说的就是心理素质和思维方式。彼得·圣吉认为："心智模式是根植于我们灵魂深处的各种图像、假设和故事，就好像一块哈哈镜微妙地扭曲了我们的视野一样，心智模式也决定了我们对世界的判断。有什么样的心智模式，就会有什么样的认识。"

比如一件事做成功了，我们都会认为自己在这个方面有能力，处理类似的情况时就轻而易举；如果没有做好的事，则认为自己在这方面的

能力有所欠缺，怎么做都很难。其实，得出这样的结论很可能是不易察觉的心智模式在影响着我们的想法和行为。因此，我们有必要把心智模式摊开来，去体会、去认知，并加以审视、改善，这样才可能把事情做得更好。

1. 必须学会自己照镜子，进行自省与反思

遇到事情不顺利，不能总想着把责任推给别人，而应该从自身找出原因。首先学会把镜子转向自己，分析自己有哪些责任，问题到底出在哪里。看看自己的心智模式存在哪些不足。

一个人就是要不断地照镜子，勇于敢于承担责任，积极弥补自身的不足。只有自己不断地来"照镜子"，才能更清晰、更完整地认识自己，认清自己的是非功过，让自己更好地扬长避短，让自己的潜能得到更深的挖掘，发挥得更淋漓尽致。

通过照镜子积极自省与反思。自省是改善、树立心智模式的核心方法。通过照镜子我们自省就会发现，自己的内心深处隐藏的成见、认识、观念、假设、逻辑、规则、矛盾，让这些图像清晰地浮现出来，对其有效性加以审视。同时，自省还可以让我们以更加开阔的胸怀接纳不同的意见。在这方面，联想集团前任董事局主席柳传志先生就向曾国藩学习，养成了自省的习惯，成就了世界的著名品牌——联想。

2. 必须学会学习，有效地表达自己

通过学习既可以开阔视野，获取新的信息，创新思维框架，又可以了解新的思考方法，掌握更多的行为规则，更新"思考路线"，还可以拥有新的观念，形成新的习惯，改进自己的"价值导向"。

同时还需要走出对学习的认识误区，不仅要通过阅读、听讲，获取新的知识或信息，而且要通过扩大人际交往的范围，向他人学习，尤其是接纳和欣赏差异性，积极向与自己有不同看法的人学习，还要善于总

结和反思，从工作中学习、从做事中学习，把自己的经历当作最主要的学习途径或方式。

当然，很多时候我们都会遇到不开心的事情，在这种情况下，要积极反思一下我们是否具备了有效地表达自己想法的能力。只有能够"有效地"进行表达，才能进行良好的有效的沟通，才会有更多的朋友和伙伴，从而赢得别人对自己的理解与信任。

3. 必须学会换位思考，接纳异己的意见

古代名著《列子》中有一个"疑邻偷斧"的小故事，生动形象地告诉我们：当我们心里产生了某种想法之后，由于心智模式的"选择性观察"在起作用，就会让我们发现更多能印证这种想法的有力事例，从而更加坚定自己的判断、坚信自己的想法。这就是心智模式的自我增强特性。

当我们有了新的资料、新的证据、新的发现之后，我们就会进行新的推论，从而改变我们原有的判断和想法。也就是说，如果我们能不断发现新的资料、新的证据、新的发现或者能用新的视角、新的思路、新的理论去解读现有的各种资料，那就可以持续优化我们自己的心智模式。

4. 必须学会更新环境，积极进行"深度会谈"

心智模式的形成具有独特的"依赖性"，也就是说由于每个人的成长环境与生活阅历不同，心智模式也不一样。正如诺贝尔奖得主埃德尔曼所说，虽然我们同样生活在太阳底下，但由于各自的经历和目的不同，我们对某个人和某件事的理解也许各不相同。所谓"情人眼里出西施"、"横看成岭侧成峰"说的都是这个意思。

我国古代"孟母三迁"的故事妇孺皆知。不难看出，更新环境有助于个体心智模式的积极改善。正如清华大学陈国权教授指出的，改善心

智模式的一个有效方法就是让新颖、鲜活和丰富多样的体验不断冲刷、冲击，甚至冲破我们可能落后和固化的心智模式。如果我们长期处在一种熟悉的环境里学习、工作和生活，也许很难产生新的灵感，很难有所创新，而且很容易固化思维，止步不前。

对于个人学习来说，与他人的有益有效交流，更能使自己产生"洞开圣境"、"豁然开朗"的感觉，正如我们常说的"听君一席话，胜读十年书"。在这个方面，彼得·圣吉推崇的"深度会谈"是一种非常有价值的交流技巧。在圣吉看来，"深度会谈"是深入、高层次、高质量的沟通、倾听与共享，是激发集体智慧的重要手段。

虽然心智模式的话题好像很微妙，看不见，抓不住，但是我们每个人都有自己的心智模式，并且每时每刻都受它的支配和影响。如果不能轻松有力地驾驭自己的心智模式，我们就会成为"心智的囚徒和傀儡"；善于驾驭并有效改善自己的心智模式，我们才能成就"全新的自我"，实现更大的价值。

思维有弹性，生活才能游刃有余

所谓思维的弹性也就是平时所说的弹性思维的最大特征，指思维主体意识的辐射能力与整合能力。由于人类自身的个性状态差异、环境条件的不同影响、反映对象的特殊刺激，使人类思维具有本质的辐射性与有力的整合性。

拥有弹性思维，将压力变为动力。其实，从我们有生命的第一天起就被一种无形的东西包围着，这就是我们的父母给予我们的另一种形式的关爱，它也是把我们推向成功的必备条件——压力。

有一位世界著名的长跑教练，他的训练基地设在一处僻静的山上，他要求队员们每天按规定的时间从家跑步到训练基地，并且计时。其中有一个队员经常迟到。有一天，这位队员突然第一个到达训练基地，而且大汗淋漓，气喘嘘嘘，满脸的惊恐状。教练一看计时表，简直被他的速度惊呆了。那位队员上气不接下气地告诉教练，他在半路上遇到了一只狼，为了逃生，他拼命地跑才把狼甩掉。

正是因为这个事件，给教练带来了一个启示。教练在训练基地养了一群非常吓人的狼，用皮套套住嘴，每天"训练"这些队员，结果队员们在各种长跑比赛中屡次获胜。

同样地，有一位游泳教练，在游泳训练池中也养了几条鳄鱼，等队员们游了一段距离后，便开始放出鳄鱼，即使鳄鱼的嘴上套着皮套，回头看看那凶神恶煞的样子，谁不心里怕得要命，只能竭尽全力拼命地游……取得的效果当然非常明显。

其实，狼也好，鳄鱼也罢，这些原本只会伤害人的动物，通过巧妙利用却成了挖掘人自身潜力的因素。这说明人人都有巨大的潜力，缺少的正是发掘潜力的千里马。所以，我们有理由认为发掘潜力的最好方法就是去找我们的劲敌。

的确如此，"没有高压力，就不会有高水平"。自身的潜力只有在一丁点儿压力下才能较充分地展现出来，不用担心我们战胜不了自己，因为"世界上没有最坚固的盾，因为我们有足够坚固的矛"，因为我们具有无限的潜力，因为我们拥有弹性的思维。

在茫茫的非洲大草原上，每天清晨，羊睁开眼睛就想："为了生存，我必须比跑得最快的狮子跑得还快。"与此同时，狮子从睡梦中醒来，伸伸懒腰，马上想到："为了不被饿死，我必须比跑得最慢的羊跑得要快。"于是，几乎是同时，羊和狮子一跃而起，跳将出去，迎着朝阳跑去晨练。由于来自生存的压力，羊逐步练成了奔跑的"健将"，狮子也逐渐成为草原上最猛的"猎手"。

在生活中，我们虽然没有像羊和狮子那么强、那么大的生存压力，但是来自学习、工作的压力依然不同程度地存在着。正是由于这一系列的压力，才使我们不断进步，不断走向成功。如果没有这些压力，我们的弹性思维难以发挥作用，那么我们的生活将会怎样，是无人能够预料的。

压力的确给我们带来了很多痛苦和烦恼，但是在压力中，我们也品尝到了生活的喜怒哀乐、酸甜苦辣，给我们带来了身体上的坚强锻炼、思想上的羽翼丰满、成长中的日渐成熟。

拥有弹性思维，我们的生活将会更精彩。

在生活中经常能听到的一句话，"管理就是服务"，但是恰恰相反被管理者体会到的管理常常不是服务，亦或是让人不可思议。这或许是因为管理者脑中的刚性思维太过强烈，而弹性思维少之又少，于是遇到问题拿出的解决办法或者措施就是那么经不起推敲，或者不是非常令人满意的。

就说高速公路管理，冬天我们经常能听到某某高速公路由于大雪雾霾天气，宣告暂时封闭。乍一听起来，这样的决定似乎有十足的道理，雪天路滑，暂时关闭当然是为了减少交通事故的发生，但是再往深一层想想，就没有那么简单了。高速公路雪天路滑不假，其他公路难道不是一样雪天路滑吗？莫非一下雪就要把所有的公路都关闭了不成？

为什么不换个角度呢？从清雪止滑的方面想想，亦或从限速方面想想，好像这些方法都比关闭更有道理，更容易被人们接受的。

当然，这样的管理思路，于己管理省事，于人带来不便，即使眼下还很有市场，但是肯定是不被人们欢迎的，而且随着时间的推移，肯定会越来越受敌视。

富有弹性的思维，就会比较容易应付生活中的各种困难和挫折。这些困难和挫折的程度，取决于我们当事人的心理体验；困难和挫折的转机，取决于我们当事人所持的态度。我们应该学会运用弹性思维，化逆境为顺境，转不利为有利，变挫折为动力，为我们自己创造一个积极、有序、宽松、和谐的工作环境。

拥有思维的弹性，我们的生活将会无限精彩；拥有弹性的思维，我们的生活将会快乐无边！

08
不付诸行动，自控只是一句空话

　　自控永远是动态的，而不是静止的。这意味着我们的自控将是自我和外界的交互行为，只有让行动体现自控，才能完整充分地表达自我。我们需要正确看待自己的行为习惯，寻找其中隐藏的本能。

　　一百个再牛的想法，都不如一个傻瓜的行动。通过坚持不懈地实践，当学会这些方法之后，我们将对自己的行为习惯进行更多的审视，并积极进行相应的调整和改变。最终，我们将能够以正确的心态去影响和改变自己的行为，从而做到真正有效的自我管理。

坚持嘴角肌肉"护理"，永葆阳光的微笑

　　学会关注嘴角的肌肉，让我们微笑起来、阳光起来，对未来充满信心，积极面对人生，我们的生活将更加绚丽多彩。

　　试问自己：有没有细心体会过肌肉下垂与上扬的不同呢？表情的变化会让我们完全能够感受到面部肌肉具有的力量、肌肉的大致走向以及地心引力对脸部肌肉吸引所带来的影响。如果我们想要改善脸部过多的皱纹、面部松弛及轮廓等一系列状况，除了必须使用保养品做系列"皮肤护理"之外，千万要注意做好"肌肉护理"。

　　大家都知道，护肤品对改善皮肤的质感与触感具有非常明显的作用，但是对强化并调理肌肉实体则是比较难的。脸部肌肉跟全身的其他肌肉一样，除了需要护肤调理之外，还需要进行有效的锻炼！身上的肌肉若不适当地进行科学有效的锻炼，轻则会造成松弛下坠，重则会造成萎缩无力，脸部肌肉也不例外。

　　学美容的人都比较了解脸部的肌肉走向与分布情况，如果不了解肌肉的走向，就根本无法做正确的护理与按摩，甚至会导致一些不必要的问题出现。人的脸部大约有40多块肌肉，其中大多数非常纤细而且精巧，其纹理走向是错综复杂、层层叠叠的。虽然深浅不一，但是浑然一体，所以无论是化妆、涂抹保养品，还是进行按摩，都绝对不能不问东西南北随便搓揉，否则日久天长，肌肉纤维就会受到一定程度的伤害，皮肤组织也会受到一定的影响。因此，要切实把握面部肌肉的特点意义

重大。

一块肌肉的运动牵连相关的脸部肌肉。当某块肌肉一旦牵动或进行收缩时，与之相连的肌肉就会受到直接影响，并随着被牵动或进行收缩，其他相关的肌肉也会随之进行间接的运动。也就是说，当肌肉松弛时，相应的皮肤也跟着一起松弛下来；当肌肉变得紧致时，面部的皮肤就会随着一起紧致起来。

表情的变化靠一系列肌肉的拉动来实现。我们之所以看起来会风情万千、喜怒无常，这都是由于肌肉进行收缩的结果。比如，我们要做笑的表情，首先颧肌进行收缩运动使嘴咧开，面颊继而得到逐步提升，然后眼轮匝肌再进行有序的收缩，眼睛渐渐变小（笑意来临），眼角的皱褶持续出现（即鱼尾纹显现）。

所以，情绪的好与坏会直接影响皮肤的紧致度，因为情绪的变化会产生一系列的表情变化，表情的变化则会牵动肌肉的收缩。当我们快乐时肌肉会上扬，悲伤时肌肉会下垂。如果长期处于无表情的状态，肌肉纤维则会变得比较僵硬，就会形成僵硬的面部轮廓。

众多肌肉之间极具协调性。从上述笑的例子中我们不难发现，一块肌肉要有动作，是靠周围多块肌肉的共同作用才能产生。

科学研究表明，下面这样一些小动作可以强化脸颊及嘴角肌肉进行锻炼。

用冰毛巾敷脸。如果在早晨起床的时候发现我们的脸部水肿、松弛时，可以用冰毛巾敷面的方法来进行紧急处理。把浸过冰水的毛巾敷在脸上，既可以提神振作，还可以消去肿块，然后再用点急救的面膜，让脸部肌肉迅速恢复原有的紧致。

睡前的淋巴按摩。在睡前进行保养时，我们要学会做淋巴按摩。重点是按压这两个穴道：耳骨上方的穴道，也就是张开嘴巴时凹下去的地方；耳骨下方（约耳垂下方）的穴道，按下去会有酸酸的感觉。

我们如何防止嘴角的肌肉松垂呢？下面提供给大家一些简单的方法：

1. 发音法

为了使嘴唇和口、鼻部周围的肌肉获得更好的柔韧性，我们可以保持正常的呼吸，同时训练读出这些字音：啊、噢、咿、呜。一次重复训练 10 次左右即可。

2. 按压法

食指的上部放在上唇中部的人中处，将食指指肚正好贴在人中的上面，把同一只手的中指按住其中一边的嘴角，而大拇指按住另一边嘴角。三指在挤压上唇的过程中，使上唇肌肤得到有效的锻炼，变得结实丰满，不易干皱。这样一次重复挤压 10 次左右。

3. 推动按压法

鼻子到嘴角间的皱纹极易形成，这些皱纹往往会给人以衰老之感。在这里可以准备充足的护肤膏，便于手指在皮肤上流畅滑动。

第一步：两手中指分别放在两边嘴角的部位。中指头顺着鼻子和嘴角之间形成的皱纹这一方向，由嘴角向鼻根部位柔和地向上进行缓缓推动。要确保皮肤和肌肉一起运动，而不是仅仅拉拽皮肤。

第二步：全部手指并拢，用以盖住嘴角两边的皱纹，再用力按压脸部的皮肤，然后再运动手指，朝耳的上部方向进行滑动，横过两颊，使两颊进一步得以绷紧。这是对鼻根部肌肉的有效伸展和锻炼。

依次重复这两步操练 6 次，久而久之就会取得比较明显的效果。

4. 消除嘴边和上唇的皱纹，并绷紧鼻到嘴间松垂的肌肉。

首先把口张开成竖长的"O"字形，同时要求闭上眼睛，再就是尽可能地把眉抬高，必要时可用手来帮助，以保持住眉头确实处于抬高了的位置。然后，闭合嘴唇，但颌及牙齿不要合起来，仍要尽量保持处于张开的状态。

要将双眉尽可能抬高到最大的限度，目的在于闭唇时能感觉到面部皮肤上下有一种较强的拉力感。在这种拉力和反拉力的相互作用下，能够使松弛的皮肤得到有效的锻炼，从而结实并恢复其弹性。

嘴唇闭合的过程要求较为缓慢，一般要默数 15 下。当嘴唇闭合时，我们要用同样大的拉力使双颌及上下齿尽量张开，张颌闭唇后在心中默数 5 下，缓慢放松，重复 1 ～ 3 次。

5. 消除耷垂的嘴角和周围的皱纹。

随着我们年龄的增长，不但我们嘴的侧边会出现许多皱纹，而且嘴角的肌肉也会向下耷垂。这是因为嘴两侧的肌肉变得松软而失去了固有的韧性所导致的。

要消除耷垂的嘴角和周围的皱纹，这就要求嘴唇紧贴牙齿的同时，上下颌有意识地张到最大。

具体的方法是，张开大口，保持两嘴角尽可能地狭窄。我们可以先用发音的方法来试试，如果发出"哇"的音就说明口型出现错误，如发出"O"的音才算正确。牵拉嘴唇并使其紧贴牙齿，即在"O"口形的基础上，要努力地使上下唇各包住上下齿，但同时又不得关闭颌。然后，使紧贴颌和齿上的两唇合拢，使得张开度仅足以在唇间插入我们的小指。

尽力张开上下颌，以便更好地牵拉嘴唇，心里默数 15 下。然后保持嘴唇半合拢（能插入小指大小）状态，默数 5 下，稍微放松，重复上述操练 8 次。

总之，要防止和矫正使我们的脸部过早老化并略显苦相的松弛的嘴角，除了上述操练外，还有一种就是闭起嘴巴来微笑，要真正地笑，这才是最好的操练。无论何时，只要允许，我们都应该为自己的幸福、自己的青春活力而微笑，甚至面对烦恼的时候也不妨露出自己的微笑来。

通过视线练习培养自控力

生理研究专家指出，人的大脑是这样反应的，运动中眼睛看着哪里，身体就会下意识地朝向哪里。

为什么会是这样呢——滑雪者视线练习

在不少基础滑雪的教学法里，经常会有这个视线训练方法，即在滑行时，人的身体要向哪个方向滑，视线就要朝着哪个方向。

当我们的眼睛看向某一个方向时，我们的肩膀（肩线）自然也会朝向这个方向，大家可以自己做做这样的试验。当我们朝远方看时，我们的意识引导我们的身体自然会向这个方向走，而不会仅仅关注身体的某一个局部动作。所以，初学者练习滑雪时的最大忌讳就是滑行时只看自己的脚下或板子，越这样滑行，板子就越会打架，相反，如果向远处看，意识就会集中于身体的整体动作，而不是局部。

为什么你躲开我的眼睛——演员视线训练

我们可以试着找个伙伴演一出戏，让我们的另一位朋友在场外当观众观察我们的视线。我们是不是在表演的时候看地上呢？我们是不是在说台词的时候视线离开我们在场上的对手呢（如果剧情需要我们移开是另一回事）？如果那样的话，作为演员，我们要训练自己的视线。

演员为什么会自觉不自觉地移开视线呢？答案是恐惧。恐惧会使我们的眼睛向对手暴露我们的真实想法，恐惧他／她发现我们的欲望、脆弱以及一切我们认为不应该暴露的东西。

不要这样！作为演员，我们要允许自己脆弱，允许向我们的对手暴露自己的脆弱。因为那是一种高强度的比较彻底的给予——想想在生活中，别人向我们袒露心扉的那一刻，我们是否为之震撼？而我们的对手演员他／她接收到了如此强大的能量之后，只能把它再传回给我们，而我们接着对他／她的强烈反应可以再做出反应，这就是我们所说的"化学反应"。它为什么会如此强烈呢？一切始于我们的注视。

再演同一出戏，只有一个要求，我们的视线不能离开我们场上的对手，如果剧情要求我们移开就换个剧本。我们会发现，我们的胸中会充满那些每次表演时我们都希望召唤却不能如期而至的感情。

练习视线，就是练习自控力。自控力兼有静态和动态的双重性，一方面它是指引人类行为的品质和力量；另一方面它又是我们为了实现自控而进行的行为本身。所以，当一个人可以在做某一事情或一些事情中表现出极大的决心与力量时，他就会被认为"有很强的自控力"（静态的）。当其自控力的特性付诸行动时，这种静态的自控力就转变成了动态的自控力。

有时，自控力也可以被看作一种能量。根据这种能量大小的不同，我们还可以判断出一个人的自控力是弱一些还是强一些，是发展完好一些还是有些障碍等。

有一个名叫布隆丁的人，他曾是一位著名的走钢丝杂技演员。一天，他与别人签订了一份重要的协议，要求他在某一天表演走钢丝时手推一辆手推车。签订协议的时间正是他腰疼病发作前的一两天。

腰疼之初，他就看了医生，并请求医生必须在预定的时间前把自己的病治好，否则他就失去一次赚大钱的机会，而且要交付罚金，但是事与愿违，他的病情多日不见好转。出场前的最后一天晚上，他与医生进行了激烈的争执，医生强烈地反对他第二天去表演走钢丝。

第二天早上，他的病情仍然没有根本好转，医生严禁他下床走动。他对医生说："我为什么要听从你的劝告呢？你没有把我的病治好，我根本不听你那一套。"医生虽然极力反对，但他还是执意准备进行表演，尽管临上阵前一分钟他的腰还是很疼。结果，此次表演与他以往的表演一样，非常顺利，但是当表演结束的时候，他的腰又开始剧痛起来。

那么，是什么促使他忘记了疼痛顺利地完成了表演的呢？就是他积蓄起来的自控力。在决心要完成某种行为、做好某件事时，自控力首先就是一种精神力量。如果说一个人具有很顽强的自控力，那就意味着他确确实实能够利用巨大的能量来达到自己的目标。正如爱默生所说，自控力是一种"对自己整个人进行激励的冲动"。

有句谚语说得好："一条锁链的坚实程度，取决于锁链中最薄弱的一环。"提高自控力别无他途，没有捷径可走，只能一贯地发挥自己的智慧，一贯地坚持自己的决心。人类的行为是依靠自控力来掌握的，相反，自控力也对人有一定的依赖性，我们只能自己做出恰当的选择。自控力一方面具有引导自我的巨大力量，另一方面这种力量的发挥以及目标的实现又取决于我们自己。

自控力不仅是一种动态的思想的力量，也是一种我们对目标不懈追求的持续的力量。这种目标既可以是暂时的，也可以是恒久的；既可以是近在咫尺的，也可以是远在未来的；既可以是只涉及我们为人处事的细微之处，也可以是关系到人的一生的复杂利益的组合。而自控力在长期目标的实现过程中所能起到的作用，则取决于其在平时完成某事时所起到的作用的大小。

在一些互不相干的或者是偶然发生的事件中，自控力很可能会表现出巨大的力量，但如果其所面对的是某一事件的全部过程，或者是关系我们一生的宏伟目标，它也有可能表现得力不从心。

　　换句话说，一个人的决心通常是不大坚定的，我们就无法在一段很长的时间内或一系列的行为动作中保持顽强的自控力，当然也就不大可能通过自控力去实现长远的目标。练习和提升个人的自控力，是关系一个人一生成败的关键因素。

有效控制的声音最具吸引力

为了更好地沟通，为了更好地成为合作伙伴，我们的声音要尽可能更具吸引力，以便打动他人，取得良好的效果。

美国优美座位企业经理亚当森先生与柯达企业总裁伊斯曼先生，既是友好的生意伙伴，又是情谊深厚的朋友。说起二人的关系，还流传着一段佳话。

据说有一天，美国优美座位企业经理亚当森先生得知，伊斯曼先生即将要捐巨款在曼彻斯特建造诸如音乐厅、纪念馆和剧院等恢弘建筑群的消息后，亚当森先生也非常希望能争取到这笔生意，但是听说已经有许多制造商都纷纷前去联系，但是均无结果。

怎么办才能打动伊斯曼先生从而争取到这笔生意呢？亚当森先生绞尽脑汁，只是听说伊斯曼先生前段时间新装修了一间非常考究的办公室。好，就在这里做做文章，亚当森先生终于下定决心亲自前去拜见。

亚当森先生向柯达企业总裁秘书说明来意后，秘书像以往告诫其他客人一样告诫他："我非常理解你的迫切心情，但是我现在必须明确地告诉你：伊斯曼先生可是个大忙人，你要快速地介绍自己。如果你占用他五分钟以上的时间，那您就会彻底失败！"

当秘书领着亚当森先生来到伊斯曼先生的办公室时，伊斯曼先生正专心致志，一时难以分神，果不其然地"忙"。

过了一会儿，伊斯曼先生终于缓过神来，发现了亚当森先生正在津津有味地环视办公室，便礼貌地问道："先生有什么事吗？"秘书便向总裁简略地介绍了亚当森先生及其来意，就匆匆地离开了办公室。

亚当森先生略加思索地说："伊斯曼先生，您的这间办公室可是不同凡响。我虽然长期从事室内木工装修，但是从未见过装修得如此精致如此完美的办公室！"

"唉呀！是吗？您倒是提醒了我一件非常重要的事情。"伊斯曼总裁兴高采烈，就差手舞足蹈起来了，"您知道吗？亚当森先生，这间办公室是我亲自设计的，刚峻工时，我简直喜欢得要发疯了，但是一忙起来，一连几个星期我都没有再仔细欣赏一下我的这件精品了！"

亚当森先生索性走近墙边，用手指煞有介事地在木板上轻轻敲打一下，断然说道："我想这应该是英国橡木，与意大利橡木的质地确有不同。"

"不错！"伊斯曼总裁像是注入了一支强力兴奋剂一样，异乎寻常地向亚当森先生介绍说："那确实是从英国进口的橡木，是我的一位专家朋友专程去英国为我把的关、进的货。"

伊斯曼总裁越说越兴奋，竟然离开自己的办公桌，带着亚当森先生仔细地参观起自己的这间办公室来。所有的办公装饰，从木质谈到设计理念和制作过程，娓娓道来，不厌其烦。

亚当森先生更是显得饶有兴致，谈起装饰，绝不含糊，不时给予伊斯曼先生不断的示意和鼓励，并且不失时机地抓住机会询问伊斯曼先生的奋斗经历和从商之道。伊斯曼先生像和老朋友话家常一样，对他如数家珍，讲述了自己的苦难少年和坎坷经历，过去如何在贫困的生活中苦苦挣扎和奋斗，最终发明了柯达相机的难忘故事，目前如何打算捐献巨款奉献社会等。

亚当森先生一边聚精会神地倾听，一边还发自内心地表示由衷的敬意和赞叹。虽然秘书曾警告过亚当森，谈话的时间绝不要超过五分钟，但是结果两个人谈了一个多小时依然兴致勃勃。

伊斯曼总裁俨然像对待一位至交地对亚当森先生说："上次我在日本买了几件椅子，但是由于日晒多日，有些脱漆，我打算一会儿把它重新漆好。一起到我家去吃午饭，再看一下我的手艺，怎么样？"午饭之后，伊斯曼总裁亲自动手把椅子漆好，脸上写满了自豪与兴奋。

结果亚当森先生不仅顺利地赢得了这笔工程的订单，而且和伊斯曼先生结下了深厚的友谊。

为什么亚当森先生只字未提生意的事情，却能出乎意料地获得了成功呢？其实，他成功的诀窍说起来也很简单，通过谈话实现交朋友的目的，千方百计地激发对方谈话的兴趣，让对方感觉两个人是志同道合的，从而建立真正的朋友关系，当然做生意也就顺理成章了。

让对方多谈，先交知心朋友，然后做生意，这就是亚当森成功的秘诀。当然，为了使对方愿意听我们说话且达到迷人的效果，我们还要把握下面几个诀窍。

1. 说话风格要明快

大多数人都不喜欢晦暗的事物，即使是草木，也需要阳光的照射才能得以生长。同样地，给人阴沉感的谈话会使人产生疑虑、厌恶感，甚至压迫感。

2. 声音具有鲜明的个性

诸如鸟语花香、铿锵悦耳等动听的声音、优美的嗓音往往会给人一种愉悦的享受。谈话时，一定要注意说话的声音，而选择说话的声音完全依赖于个人的天赋、个性、场所及其所要表达的情感而变化。如果有条件的话，我们可以把自己说的话录下来再仔细地反复听，我们可能会吃惊地发现，自己说的话竟会有那么多毛病。经常进行这样的检查，发音的技巧就会不断得到提高，逐渐形成自己的鲜明个性。

3. 巧妙选用肯定的语气

大家都知道，每个人都有自尊心，很容易因为某些微不足道的事情感觉自尊心受损，往往会反射性地表现出拒绝的态度。所以，想让对方听我们说话，我们首先要倾听对方想表达什么。所谓"肯定语气"并不是指肯定对方说话的全部内容，而是指留意对方容易受伤害的内容。

4. 语调自然且富于变化

自然的声音总是清脆悦耳的。我们要注意，交谈不是演戏，无论我们用什么样的语调，都应尽可能自然流畅，故意做作的忸怩的声音只会事与愿违。当与我们交谈的对象是许多人时，应采取下面的技巧：当前面那个人的声音很大时，我们的起点就可以压低声音，做到低、小、稳；当前面那个人的声音比较小时，我们的开始句就要略提高嗓门、清脆响亮，以引起大家的充分注意。

5. 注意符合习惯用法

在现代的语言环境中，人们说话往往都有一些习惯用法，一旦不符合其标准和习惯，就会产生不协调的感觉。在众多的人际关系中，确实有必要根据实际情况或对方的身份而区别使用适当的语言。如果不分亲疏远近，一律以和同事谈话时的措词开始说话，那么说话的效果就可想而知了。

比如："真的太好了！""好棒哟！""真可怕！"这些都是一般女孩子说话时常会冒出来的感叹词。一句话如果没有抑扬顿挫，则流于平淡，不可能引起对方的兴趣。如果能恰当地增添一些感叹词，就能调节彼此之间的谈话气氛。

6. 要有条理有思路

当前面的谈话正处于争论不休，而且还是始终没有头绪时，我们站出来讲话，就要力求用语简短，语调果断，条理清晰。如果在大众场合下选择发言时段时，我们的发言最好不要夹在中间，要么在前面先讲，要么最后再讲，以求给人留下深刻的印象，取得明显的效果。

有控制的声音最吸引人，有技巧的发言能打动人。我们要控制自己的声音，掌握发言的技巧，使我们的声音魅力四射！

学会倾听，从听觉专注力和分辨力的训练开始

一般没受过正规听觉智能提升训练的人，因为缺乏较强的音高辨别能力和语音辨别力，学习起来常常显得非常吃力，往往是学了好几年，音乐也没有真正入门，只是了解一些皮毛，或者说起外语来还是带着本国语的一些腔调。那么怎样对他们进行听觉智能训练呢？

听觉训练一般说有两种基本方法。首先是听各种不同的声音，然后进行辨别，可以听故事或者新闻，先用不同的音量、不同的音速、不同的音质来训练听，然后一一复述出来，进行听觉专注力和分辨力的训练。其次就是培养自己养成良好的倾听技能和倾听习惯。据专家资料显示，一般人大约要花 50% 甚至以上的时间和精力在注意听他人说话，由此可见，良好的倾听习惯和倾听技能对我们的学习和生活有多么重要。

1. 要进行倾听训练

首先要明确训练的目的，旨在培养我们注意倾听的习惯及听觉的分辨能力。

其次要把握训练方法，先找出一些日常生活环境中常常出现的声音，如钟表的闹铃声、电话铃声、一些人声（咳嗽、笑等）、常见动物的叫声等，然后让他们背对训练师坐正，双手放在自己的膝盖上。

训练师再拿出各种不同的可发出声音的日常用品或玩具，顺次地在他们的耳朵边发声，音量可以调节变化，有时大些，有时小些，有时甚

至非常微弱。当他们听到声音时，让他们告诉训练师自己听到了。通过这样的训练，我们往往能注意地听很细很微弱的声音。

2. 要进行辨别与想象训练

首先要明确训练目的。一是逐步发展我们敏锐辨别声音的能力；二是有效培养我们的听觉推理能力与想象力。

其次要把握训练方法。先找几个材质相同、大小一致，能加盖子的小圆筒，再收集各种不同的材料，如小米、大豆、高粱、红豆、面粉、细沙等，每两个为一组，分别装相同数量的同种材料，其中有两个不装东西，再让他们摇摇小筒，分辨哪两个筒的声音是完全相同的，并把它们放在一起。

针对上述操作，让他们完成下面的任务：

（1）找出哪两个筒是空的，并回答其原因。

（2）猜猜筒里面装的可能是什么？为什么会这样认为？

（3）找出哪个筒所发出的声音最小？哪个最大？

（4）找出他最喜欢和最不喜欢的声音分别是哪些？

（5）按照声音大小的顺序依次排列各个圆筒。

3. 要进行分辨声音训练

首先明确训练目的。一是要积极培养我们敏锐的听觉观察力以及听觉辨别力；二是要有效增强他们的听觉反应速度，进一步丰富他们的生活经验。

其次要把握训练的方法。一是要准备一台录音机和几盘空白录音磁带；二是要有计划、有组织、分门别类地录下各种各样的自然界或者人为发出的声音，比如：动物的叫声、人类发出的不同声音（不同家庭成员的讲话声、哭声、笑声等）、流水的声音、下雨的声音、使用不同厨具发出的声音等；三是要找出能配合这些声音的一系列图片；四是放好录音带、打开录音机，依次放出各种不同的声音，注意观察图片，让他们说出某种声音是由哪种物体发出的。

为了更好地训练人的听觉，我们还必须训练他们的听觉理解能力、听觉记忆能力和编序能力。

听觉的理解能力是指我们能够辨别声音和了解说话内容的能力。要尽可能多地让我们接触各种声音，多充实一些与他们生活相关的词汇，比如：口头布置有关任务让他们按时完成；对有关的成语故事做一些判断并回答一系列的问题等。

听觉的记忆能力是指我们能够较好地复述所听到的各种声音信息的能力，通过听觉记忆能力的相关训练，不但要加强他们听觉的记忆力和听知觉的广度，尽可能地减少他们对较长的听觉信息无法记全等一系列情况的发生，而且还可以促使他们进行新老知识的联系，产生有关联想，加强对所学知识的辨别理解力。训练师也可以选择一些我们感兴趣的、难度不同的语句，让他们认真负责地听并让他们尽量地模仿表述出来，以此来提高他们的听觉记忆能力。

听觉编序能力是指我们能将过去听觉所获取的资料信息以正确而又详细的先后顺序一一回忆出来，以及将所获取的听觉信息加以组织整合并使之具有意义的能力。它对我们将所学知识系统地保留下来是非常有益的。在活动中，通过让他们听故事、复述故事、顺背倒背有关的数据等均可以提高这方面的能力。

再说一下训练我们的听说结合能力。在鲜活的现实生活中，听和说总是密不可分的，不会认真听讲的我们，说话时往往是语无伦次的。听与说的结合重点涉及我们对词汇的联想、推理、分析和判断能力。

训练师可以通过训练我们学说同义词、反义词，听音乐进行一系列的联想，再就是将句子补充完整，以及听故事后续编故事的结局等不同形式有效地训练他们的听说结合能力。

俗话说得好，"耳聪目明才聪明"，对我们来说，听觉智能是非常重要的能力。听知觉能力的好坏是我们今后学习生活中能否有效听讲的根本基础。专家研究表明，听知觉能力的落后是我们学习障碍的主要原因。因此，及早对我们的听觉能力进行提升训练，不仅对自己的语言、认知、音乐学习大有帮助，而且对情绪发展、人格的培养都具有非常重要的意义。

抵御不了舌尖上的诱惑，必将为病痛买单

甘地曾是一位素食主义者。当他准备到英国学习法律时，别人曾反复警告他重新吃肉，否则无法在英国生活，但是他的母亲不想让儿子成为肉食者，于是强迫他发誓。在一个出家人的主持下，甘地对他的母亲发誓说自己将永远不喝酒、不碰女人和不吃肉，甘地的母亲才放心地答应他可以去英国。

当甘地到达英国后，他发现继续坚持素食主义非常困难，因为他的女房东同意提供面包和住处，但他却不知道如何烹饪蔬菜和面包。甘地说自己当时几乎快要饿死了。尽管甘地以前曾经吃过肉并且认为吃肉是好事，但是他仍然坚守誓言。有一次，甘地含泪对一位劝他吃肉的朋友说："我知道你一次次地劝我'吃肉'是因为同情我，但是我实在没有办法。誓言就是誓言，它是不能破的。"

母亲不在身边，现实的艰辛与严峻，有理由让甘地背弃对母亲的誓言，但是他就是不打折扣地坚守着自己的承诺，因为他认为誓言是不能破坏的。也许正因为他不同于凡人的这种性格使他成为了总统。

不控制饮食，不注意营养均衡，不注意锻炼身体，疾病就要乘虚而入、不期而至！

抵御美食的诱惑，控制饮食

人变胖是由于每天摄取的热量超过活动所消耗的热量，身体每累积

7700 大卡的热量，就转化为身上一千克的体重，想要减掉多出来的体重，应该首先控制每天吃进身体的热量，并找出多消耗热量的方法。但是这并不是表明断食法是最快速的减肥方式，因为身体维持正常运作也需要热量的消耗，断食减重只会让我们在一个月后变得面黄肌瘦、肤质粗糙、身体虚弱，控制热量的摄取不能低于每天所需的基础能量。

采用其他减肥方法成本太高或者难度太大，控制饮食减肥可操作性相对比较强一些。

1. 改变饮食习惯

饮食习惯包括进食的方式、食物的选择以及摄入的成分与多少等。参考食物热量表来严格控制自己的饮食是一种不错的方法。对胖人来说，还没搞清楚吃下去的究竟是脂肪、淀粉还是纤维素，就囫囵吞下去显然是一种失误。对于一般的比较懒的减肥朋友来说，减肥期间的饮食可以遵循一个原则，就是多吃高蛋白、高纤维食物。高蛋白食物中以豆类、花生、肉类、乳类、蛋类、鱼虾类等为主；高纤维食物以菌类、菌类（干）的纤维素含量最高，如干香菇、干银耳、黑木耳、坚果、谷物等为主。

2. 控制进食量

其实，我们大可不必拒绝米饭等高卡路里的主食，而只要控制一下摄入的量就可以很好地起到少食的效果。比如说，原本吃两碗米饭的人，可以改为一碗，原本吃一块大排骨的美眉，实在爱吃可以改成半块。能量的摄取最重要的是均衡，而不是简单的"不吃"就可以有健康的体魄，如果减肥减到了面黄肌瘦、抵抗力下降，甚至整日昏昏沉沉的地步，那可就大大不妙了哦！

能量摄取的理想平衡：60% 糖分、15% 蛋白质、25% 脂肪。值得注意的是，由于不只是食油，肉类和鱼类也含有脂肪，所以每日的食油标准应为 1 汤匙，也可以考虑用比较省油的不沾锅炒菜。

3.日常饮食的注意事项

（1）减肥期间应戒除的 4 类食品：煎炸食品、碳酸饮料、膨化食品、酒类。

（2）减肥要多喝水才能促进脂肪代谢，多喝一些具有降脂减肥的茶，如普洱茶、山楂茶、荷叶茶等。

（3）选择肉类最好是兔肉、鱼等，其次是鸡肉或瘦猪肉，不要选择肥肉。

（4）多增加一些有氧运动，如慢跑、登山、游泳、瑜伽之类。

（5）烹调用油最好用橄榄油或其他植物油，少用猪油、牛油以及奶油，炒菜要少放油。

（6）有条件最好少量多餐，把一天的总量分为 4~6 餐吃；进食的速度要放慢，每餐吃饭不少于 15 分钟，一般在 20 分钟左右；每餐的青菜不限量，可适当多吃，但是要少放油；每餐的汤最好在餐前喝。

（7）少吃甜食和精致的糕点，零食不宜过量，如花生、核桃、开心果、瓜子、巧克力等，因为它们富含油脂。

三天见效的苹果减肥法

有一句营养谚语说得好："一天一苹果，医生远离我。"苹果的食用功能，已获得许多科学家证实。还有人说，不必挨饿，不必吃药，不必花钱，只要在 3 天内纯吃苹果，吃饱为止，可以减轻 3~5 千克。

吃苹果减肥的好处是不必挨饿，肚子饿就吃苹果。因为它是低热量食物，无论吃多少，都不会比日常生活所摄取的热量还多，所以体重自然减轻。

吃苹果减肥的人，同时也能改善干燥的皮肤、过敏性皮肤炎、便秘等症状。在苹果减肥期间，一次吃两三个苹果的话，我们的大脑就会告诉我们"肚子饱了"的指令，因此实际上所吃的苹果不会太多，摄取的热量也不多。

如果我们没有办法实行三天苹果减肥法，可以从一天或两天开始。只要我们有做，就会有效果。举例来说，我们可以从一个星期实施一天开始，等习惯以后，再增加到两天、三天。不习惯的人，最好不要超过三天，以免中枢神经功能失调，反而会在减肥后暴饮暴食，变得比减肥前还胖。

苹果减肥的具体操作方法是：连续三天只吃苹果，不吃其他水果和食物。我们可以按照三餐的时间吃苹果，或者肚子饿了就吃，吃饱为止。原则上，什么苹果都可以，不过红苹果尤佳，青苹果比较酸，怕会刺激肠胃。苹果要吃新鲜的，而且要洗净削皮，避免农药残存。

这三天内，口渴时可以喝开水或没有刺激性的茶水，例如薄荷茶、麦茶、红花茶、鱼腥草茶等。减肥期间，肠胃会很敏感，所以要避免喝有咖啡因的饮料，例如红茶、咖啡、绿茶、乌龙茶等，以免肠胃不适。

实施苹果减肥期间，如果出现便秘问题，可以在第三天晚上，喝一两汤匙的橄榄油润肠，促进体内积蓄的毒素排泄。

三天的苹果减肥结束后，因为远离了刺激性食物，所以我们的肠胃会很柔嫩，味觉也很敏感，而且胃会变小。第四天开始，我们的饮食要慢慢恢复，不能一下子就吃很多食物，尤其不要吃零食。恢复饮食的头三天，最好先从吃粥、吃豆腐等开始。

减肥后恢复饮食时，食物要清淡而且不要过量，这样一来减肥的效果才会持续。苹果减肥等于身体消化系统的大扫除。如果真的很胖，想要做一次苹果减肥就恢复身材是不可能的。最好每一两个月就进行一次，直至减到理想体重为止。

肥胖问题，看似是生理问题，其实与心理控制有很大关系。试想一个人连美食的诱惑都抵御不了，连自己的体重都控制不了，还何谈人生其他方面的成功呢？

演讲是最好的自控能力练习

演讲又叫讲演或演说，是指我们在公众场所，以有声语言作为主要手段，积极辅以体态语言作有益补充，针对某个具体问题，鲜明、完整地表达自己的见解和主张，有理有据有节，情感洋溢，进行宣传鼓动的一种语言交际活动形式。

广义的演讲是说以多数人作为听众而进行的讲话形式。狭义的演讲，是指在公众场合我们就某个问题或某一事件发表自己的见解的一种口语表达形式，借助有声语言和态势语言，面对广大听众说明事理、发表意见、抒发感情、提出观点，从而达到感召听众的一种口语表达方式。

1. 要把握演讲的基本要求

好的演讲提纲是进行精彩演讲极为关键的一步。诸如：题目、主张、论据、结论和提议都是提纲的重要环节。要想让自己的演讲吸引听众，能够达到非常轰动的效应就要做到：

一要尽量使用听众听得懂而又与众不同的词语，比如：古诗、名句、名言或者网络、社会里切中时代利弊的新词；尽可能使用排比句和循环句，增强表达的效果；尽可能做到首尾呼应，重点突出。

二要使整个演讲富有思维的逻辑性，力争做到由浅入深、有条有理；事先准备必须要充分，尽可能做到脱稿演讲；自己的心里要有一个预案，能够机智地处理场上出现的意外情况；切记把握要有一个好的开头紧紧抓住听众的视听，结尾也要掷地有声、极富感染力和号召力。

2. 演讲是一门语言艺术

演讲是一门语言艺术，目的在于调动听众的情绪，并引起共鸣，从而传达出我们所要传达的思想、观点、感悟，使听众有所知、有所想、有所动。

标准的普通话往往是必要的条件，当然也要因地制宜、因时而变，要看听众对象。比如一些大的演讲家也不一定都用标准的普通话，千万要注意能够与人沟通，让人明白，决不能目无观众、对牛弹琴，还要注意语句的顿挫，适时进行互动，巧妙地运用反问、诘问等方法引起观众进行积极的思考。

3. 演讲需要刻苦训练

大家都知道美国前总统林肯是著名的演讲家。为了提高自己的口才，增强演讲技能，他常常徒步 30 英里，到一家法院去聆听律师们的辩护词，观察他们如何做手势，学习他们论辩的方法。他一边倾听，他一边思考，一边模仿，还经常注意观察那些云游八方的福音传教士布道的场景，总是模仿他们一边挥舞手臂，一边声震长空。他曾经常对着树、木桩、成行的玉米练习口才。

我国早期无产阶级革命家、演讲家肖楚女，更是靠平时不懈地努力、艰苦的训练，练就了非凡的口才。肖楚女曾在重庆国立第二女子师范学校教书。当时，他除了认真备课外，每天拂晓后都跑到学校后面的山坡上，找一个僻静的地方，对着挂在树枝上的一面镜子开始练习演讲，从镜子中观察自己的表情和动作，不断进行修正。久而久之，他掌握了极为高超的演讲艺术，他的教学水平也随之提高，他的演讲至今依然受到世人的推崇。

还有我国著名的数学家华罗庚先生，不仅数学才华卓著，而且是一位不可多得的"辩才"。他从小就注意锻炼自己的口才，除了学习普通话，还熟背唐诗四五百首，"口舌"与日俱增。

"勤能补拙是良训，一分辛苦一分才。"的确，这些名人与伟人为我们树立了学习的榜样，我们必须像他们一样，一丝不苟、刻苦训练，不断提高自己的口才。

练习口才不仅要刻苦，而且要掌握科学有效的训练方法，科学的方法往往可以使我们能够事半功倍。当然，根据每个人的学识、环境、年龄等的不同，练习口才的方法也是不尽相同的。

4. 演讲的手势极有讲究

最为常见的演讲手势一般有上举、下压和平移等几种类型，每一种类又分单手、双手两种，每一种又可以分为拳式、掌式、屈肘翻腕式等等。当我们的手向上、向前、向内的时候，往往表达希望、成功、肯定等富有积极意义的内涵，而我们的手向下、向后、向外，则往往表达批判、蔑视、否定等富有消极意义的内涵。

比如：空中劈掌则表示"非常坚决果断"之意，手指微摇表示"比较蔑视"或者"无所谓"的意思，双手摊开则表示"无可奈何"或者"任其左右"等等。当右手紧握拳头从上劈下来，则表达极度愤慨、决心极大之意。

运用演讲的手势大有讲究，它们不是靠闭门造车随意而来，而是在真实的讲坛上，随着演讲内容的节奏快慢、听众情绪的高低强弱、场上气氛的严肃与否，在演讲者情感的直接支配下自然而然生成的。究竟选择单式手势还是复式手势的问题，主要还是看演讲内容的具体要求，演讲会场规模的大小，参加听众人数的多少，表情达意的强弱来作具体的决定。

手势语言没有固定的模式，只能在实践中得以形成、发展和完善。

演讲是勇敢者的娱乐活动，台上台下虽仅有短短的距离，但是想要登上这方讲台，并占有一席之地，没有一些勇气是不行的。

5. 演讲的内容要有思想、有智慧

一个演讲者首先必须是一个智慧者、一个思想者。如果一个人说了半天话，我们根本不知道他在讲些什么，那么这是最没有素质的体现。一个人只有具备良好的思维方式，才有可能成就有思想的演讲。

演讲的内容要靠平时积累，"腹有诗书气自华"。不少人站在台上就发呆，不仅是由于紧张，茶壶里煮饺子不是借口，掀开盖子往外倒还是没有多少。我们平时就要有效利用闲暇阅读大量的书籍，熟记多篇励志故事，等到演讲的时候就可以从头脑中随意取来加以创造地运用了。

众所周知，古今中外的各界人士当中不乏政界领袖人物、企业领袖等名流。中国近代著名女革命家秋瑾曾经断言："要想改变人的思想和观念，非演讲不可。"我们要练就一身演讲的硬功夫，非下苦功不可，因为演讲是最好的综合性练习，不是一朝一夕之事！

掌控我们的睡眠

我们常说，骑马坐轿不如睡觉。也就是说睡眠能带给我们无尽的放松和愉悦，但并不是说睡觉的时间越多越好，科学的睡眠是需要控制自己的睡眠时间的。

睡眠时间的长短是可以调整的。无数事实表明，我们可以控制自己的睡眠，就像控制我们的食欲一样。调整自己的睡眠时间，实质上就是重新设定我们身体的生物钟。如果我们觉得自己的睡眠时间过长或过短，或者该睡觉时却睡不着，该醒来时却又睡得死死的，这就是生物钟紊乱所造成的，这就有必要调整我们的睡眠时间了。

在一定程度上来说，我们已经学会重新设定自己的生物钟。因为我们的身体很轻易地顺应一天前所设定的睡眠、觉醒的时间，所以在过完周末之后，星期一早上我们往往不能按时起床，但是对睡眠规律已经紊乱或者需要调整睡眠时间的我们来说，调整睡眠时间是有一定难度的。

虽然目前我们还无法确切地指出生物钟位于人体的哪个地方，但是科学家已经明确，可以借着测量体温和荷尔蒙的分泌方法来了解生物钟的功能，指出体温和睡眠具有十分密切的关系。人体在即将醒来的时候温度会逐渐上升，肌体温度的持续回升可以诱使清晨的觉醒状态；在一个人正常的上床时间的前几个小时里体温就开始下降，为入睡、沉睡做好充分的准备。

这样，如果我们设定了觉醒时间，生物时钟就根据我们的设定，睡眠时体温降低，清醒时体温升高。当睡眠达到一定程度时，大脑就会发出指令，告诉我们该起床了。这样，即使我们不加任何有意识的控制，到时间也会自然而然醒来。只要我们的睡眠时间与我们设定的生物时钟同步，我们的睡眠、觉醒就会听从自己身体的指示，不随便打破就能获得高质量的我们正常需要的睡眠。

科学睡眠确实有助于我们的健康和生活，不当的睡眠对我们的确非常有害。

睡眠不足危害健康

科学研究表明，经常性每晚睡眠不足 4 小时的成人，其死亡率比每晚能睡七八个小时的人要高 180%。睡眠不足给健康带来的危害非常大，睡不够的人衰老的速度是正常人的 2.5~3 倍，危害已经大大超过吸烟的危害。

睡眠要适度，过多也有危害

早有人把每天的时间划成"三八"，即工作八小时，睡眠八小时，其他个人活动安排八小时。为什么我们常常把"八小时充足睡眠"挂在嘴边呢？当然，这是有科学根据的。睡眠时间既不能少，也不能多。

临床证明，过多休息对人体并不好，人体是有生物钟的，能够自我调节。事实上，人体机能在一定时间内需要放松休息，但其他时间则需要活动。如果一睡睡半天，则明显减少了身体的运动，长此以往还可能引起糖尿病、肥胖病等症状。

睡懒觉易疲倦

据研究，人的生活规律与体内的激素分泌是密切相关的。凡是生活及作息有规律的人，下丘及脑垂体分泌的激素，在早晨至傍晚相对较高，而夜晚至黎明相对较低。

如果平日工作、生活比较规律，每逢节假日贪睡，就可能扰乱体内生物钟的运行，使激素水平出现异常的波动，使人变得白天情绪不宁、疲惫不堪。这还会导致机体抵抗力的下降，甚至诱发多种疾病，所以必须保持良好的生活规律。

睡懒觉的人会常常因肌肉组织错过了活动良机，动与静不能平衡，起床后往往会感到腿软、腰骶不适、肢体无力。

睡多易得胃病

专家认为，过度睡眠还容易引发"胃病"，而且直接会使我们变成"胖子"。经临床证实，当我们经过一个晚上，腹中已是空空，饥饿感明显加重，胃肠道正准备接纳、消化食物，但是我们此时如果赖床不起，势必会扰乱胃肠功能的正常规律，久而久之容易诱发胃炎、溃疡及消化不良等疾病。

另一方面，我们在床上躺着，尤其是入睡后，新陈代谢不会那么旺盛，能量的消耗逐渐减少，特别是如今的生活水平日益提高，各种营养更加丰富。如果睡觉的时间超过了正常的需要，就会使体内的能量"入大于出"，造成脂肪堆积于皮下，不久就会成为"胖子"。

午睡长易疲劳

正常的午睡时间应控制在15~30分钟比较合适，最长应控制在1小时以内。如果超过了这个限度，一旦由浅度睡眠进入深度睡眠，不但不容易醒来，而且醒来后还会产生轻微头痛或者全身无力的感觉，所以容易感觉疲劳。

强迫入睡易失眠

除了我们白天的正常工作和学习活动外，睡眠八小时中的大部分时间睡着了就可以，绝不需要机械地命令自己睡够八个小时。越是这样思绪万千地睡足八小时，越是容易导致失眠。因为入睡需要大脑进入休眠、安静状态才行，而如果人体长时间处于兴奋状态，怎么可能睡得着呢？

睡眠质量取决于深睡眠

专家指出，睡得越晚，深度睡眠的时间就会越短。一个成年人的深度睡眠只占其整个睡眠时间的 15%~20%，大约也就是 90 分钟左右。所以，我们应该尽量保证自己"深度睡眠"的时间，所以有条件最好不要睡得太晚。

梦多勿烦恼

科学研究表明，除了老年痴呆症外，正常人都会不断地做梦。一个正常人每间隔 90~100 分钟就会做一次梦，一个晚上大多数都会做 4~6 个梦，只不过大多的梦我们记不住而已。做梦本来有助于我们大脑的发育和发展，有助于我们记忆信息的再处理，有助于我们提高记忆能力，因此我们并不必为多梦而烦恼。

综上所述，科学控制我们的睡眠，对我们的事业和生活将会非常有益。

心情"闹别扭"时，请找音乐来帮忙

在生活中，一些音乐频率和日常环境的声响，能够与我们的神经系统产生共鸣，使我们的心情更放松。音乐比其他任何东西来得都要强烈，音乐的节奏感、和谐感能深入我们的灵魂。

有效的音乐利于我们身心的健康

英格兰的地铁音乐进行了尝试。在纽卡斯特尔的地铁，安全官员将狂热嘶喊的摇滚乐换成了舒缓轻松的巴洛克音乐，结果非常令人吃惊：乱涂乱画和袭击行为迅速减少了一半！此后，所有地铁站点都接到有关指示：播放传统乐器演奏的音乐，禁止播放声嘶力竭的电子音乐。

有一本介绍音乐魔力的书叫《莫扎特效应》，书中写的是世界知名的音乐家、治疗教育家唐·坎贝尔用音乐挽救了自己生命的故事。

坎贝尔的头部曾受过重创，在大脑中出现了一个直径 3 厘米的血块。在 47 岁时，他随时都可能因为脑血管堵塞而死去。医生告诉他，只有一个选择：立即手术。

从医院回来，坎贝尔开始哼唱，把注意力集中在大脑的右侧。渐渐地，他感到声音的力量在大脑中充溢。几天后，他感觉好了一些。于是，他去请教理疗师，学习如何利用声音治病。三个星期之后，医生惊讶地发现，坎贝尔脑部的血块只有几微米了，再到后来就完全不治而愈了。

我国对音乐的神奇功效的认知历史可以追溯到春秋战国时期，并在实践中总结出了一些行之有效的理论和方法。

《黄帝内经》中论述了五音（宫、商、角、徵、羽）与人的五脏（脾、肺、肝、心、肾）七情之间的对应关系，深刻地阐述了五音在调节情绪、治疗脏腑疾病中的功效，创建了"五音、五声医疗之法"与"琴箫养生之道"。在历史文献中，记载了宋代文学家欧阳修通过学琴治好了忧郁症，而且有欧阳修的话为证："吾尝有幽忧之疾，而闲居不能治也，既而学琴于孙友道滋，受宫音数引，久而乐之，不知疾在体。"元代刘郁的《西使记》中记载了一位名叫哈利发的阿拉伯国家元首，用欣赏我国的琵琶音乐治好了痼疾头痛等事件。

这些文献资料，不仅证实了在我国的历史上很早就有了利用音乐治疗身心疾病的先例，而且为我们今天探索、研究建立中国特色的音乐治疗奠定了基础。

音乐是与人的内心直接相连的一种艺术，是最能直接表达人的感情的，通过一个人对音乐的喜好可以了解其心理世界。很多时候，我们会感觉表面上看起来非常安静的一个人，怎么会听如此火爆的音乐呢？或者表面上看起来轻飘飘的一个人，怎么会听这么深沉的音乐呢？这就是他的内心世界在音乐中的一种表现。有句话叫："曲库即个性。"也就是说我们想了解一个人的内在，那么就去了解他平时都喜欢一些什么样的音乐，这个人的性格、禀性、品味就体现在他所听的音乐里。

音乐是这样影响我们身心的

要真正理解音乐是如何影响我们身心的，首先要明确知道音乐是物质的，它通过我们呼吸的空气作媒介进入我们的大脑。无论是平和的钟声，还是尖锐的呐喊声，所有的声音都是通过声音压力来刺激我们的耳膜的，从而刺激神经系统产生听觉。此外，所有的声音都有固有的频率和振动效果：过高过低的声音，就会比较难听到。

我们的身体本身就是一个音响乐团，想象一下：心脏的规律跳动、大脑正常的运作节奏、肺部的均匀呼吸、血液的持续流动……

就像身体要适应外部环境的温度变化一样，身体也要努力与外部的节奏相一致。假如一种音乐的节奏非常快，或者外部的环境非常吵，我们的身体就会感觉不适应，焦虑和紧张情绪因此而产生。相反，假如外部的音乐同我们自身的生理节奏相协调，我们就会感到轻松、和谐。这种物理现象同时也解释了某些休闲音乐对我们身心的放松效果：由于大脑的节奏同音乐节奏渐趋一致，从而缓解了我们的紧张情绪，甚至使我们沉睡。

科学家研究发现，在我们生命的初期，大脑的思考、反应以及行为等能力的发育，除了依赖于视觉刺激和家庭环境外，还会受到周围声响的一系列影响。由此可见，我们的大脑结构方式都可能与某种音乐的具体风格相对应。

根据不同的心情选择不同的音乐自疗

对某些人来说，边工作边听音乐有助于集中注意力、发挥创造力，甚至达到精神放松的目的。德国心理学教授莱恩哈德·莱奇纳指出，一边工作一边听音乐有助于提高工作效率，但选择听哪种音乐则男女有别。女性一边工作一边听快节奏动感十足的音乐有助于提高自己的工作效率，而男性则最好听一些节奏舒缓有利于放松神经的音乐才能保持最佳的工作状态。

男女之间为什么会有如此大的差别呢？莱奇纳教授的解释是："一般来说，男性的血压普遍较高，因此轻松的音乐有助于使他们平静下来，并在工作中全身心投入。而女性的血压普遍偏低，这使她们有时无法很好地完成工作的原因之一。所以，当她们听到富有动感的音乐时，她们就会倾向于将更多的精力投入到工作中。

除了听音乐，唱歌也是一种有利于身心健康的做法。为什么这样说呢？因为喉咙是脑部活动、呼吸活动以及消化活动的交叉路口，这些活动都同我们的情感密切相关。太紧张时，我们往往会失声。歌唱需要全神贯注，需要付出体力，所以，对于不宜做剧烈的体育运动的老人来说，显然是一种强度合适的健身活动。

选择听什么音乐，可以根据自己的心情来选择。当然，要选择也需要对一些音乐类型有简单的认识。

譬如：格列高利圣咏其节奏遵循人的自然呼吸节律，给人一种空旷辽远的感觉，有助于工作，提高注意力，减轻焦虑；巴赫、亨德尔等创作的慢节奏音乐，能给人带来平衡、秩序、安全的感觉，为人们的工作创造良好的环境；某些"经典"的摇滚形式能带来激情，而另一些则有助于内心的放松，这是效果最因人而异的音乐形式；海顿、莫扎特的古典音乐作品充溢着透明和光亮，可以提高注意力、记忆力和空间感受能力；萧邦、李斯特和瓦格纳的作品包容了各种情感，从最深切的悲哀到最迷醉的狂喜……

所以，要调节情绪，可以选择低沉、轻缓、婉约、悠扬的曲目，可以安定精神；益智养生可选择抒情、典雅、富有朝气的古典音乐，可防治弱智、健忘及痴呆的产生，也可选择内容健康的流行歌、民族乐曲作为益智养生之用；延年益寿可选择心情开朗的乐曲，自然可以培养高雅的道德情操、乐观开朗的个性，并防治各种慢性病是产生，从而抗衰防老、延年益寿。

康德曾说："音乐是高尚机智的娱乐，这种娱乐使人的精神帮助了人体，成为肉体的医疗者。"音乐可以帮我们消除工作的紧张感、减轻生活的压力、避免各类慢性疾病等等。音乐的无形力量远超乎个人的想象，所以聆听音乐、鉴赏音乐是现代人极为普遍的生活调味剂。

所以，无论是听音乐，还是唱歌，都有利于我们身心的健康，好好利用音乐这个随处可得的生活帮手吧，它不需要我们付出太多的经济成本，不需要任何意志力，不需要我们付出太多精力，只要我们愿意，它就能给我们带来身心的放松和愉悦。

用精神力勾勒美好的未来

个人愿景就是发自我们个人内心的，真正最关心的，准备用一生的精力去追求的最热切渴望达成的美好未来。可以说它是一个特定的结果，也可以说是一种期望的未来或者心理意象。

当我们为一个自己认为至高无上的目标奉献毕生精力的时候，它就成了一种自然的、发自内心的强大力量。其中既有物质上的欲望，也有个人的健康、自由和对自己的诚实，还有对社会巨大的贡献，以及对某领域知识的贡献等等，都是我们心中真正愿望的一个个有机组成部分。

与个人愿景相对应的"组织愿景"，是指建立在组织员工共同价值观基础之上的，对组织发展的共同愿望。组织成员都共同拥有组织使命、任务、目标以及价值信念体系，大家都能够产生众人一体的感觉，使共同组织孕育着无限的生机和创造力。

彼得·圣吉曾说："个人愿景的力量源自这个人对愿景的深度关切，而组织愿景的力量则源自大家共同的关切。""生活中，如果你、我只是在心中个别持有相同的愿景，但彼此却不曾真诚地分享过对方的愿景，他们的价值观并不完全相同，这还不算是组织愿景。""组织愿景是从个人愿景汇集而成的，借着汇集个人愿景，组织愿景将获得能量。"

组织愿景是一个期望的未来景象和意象，是一种召唤及驱使我们向前的使命，能不断扩展他们在创造生命上内心真正向往的能力。

个人愿景的力量来源于个人对愿景的深度关切和认同，而组织愿景的力量来源于组织成员对这个愿景的共同关切和认同。它是组织成员所共同持有的意象，它创造出了众人一体的感觉，使员工内心有一种归属感，有一种责任感。正是事业的使命感，并以这种感觉深植于组织中的全部活动之中，使不同的活动融汇贯穿起来。

怎样建立组织愿景呢？

组织是由个人集合汇聚而成，个人愿景可以激发本人的勇气，组织的规划是通过个人规划和共同规划的协调一致来共同激发群体的激情。因此，要建立共同规划的组织，就必须持续不断地鼓励员工发展每个人的规划，而建立的共同规划应与大部分员工的个人愿望方向相一致，使共同规划成为每个员工自己的规划，将其包融在一个伟大的事业之中。

组织愿景要求全体员工为之而奋斗终身，为之而奉献一切，而不仅仅是简单地服从、奉献的人将做一切为实现愿望所必须做的事情。要使每个员工都能奉献于组织愿景，必须使组织愿景深植于每一个员工的心中，必须和每个人信守的价值观高度一致，否则就不可能激发员工的这种热情。

从一定意义上说，组织愿景就是一个单位的基本理念，包括单位的目的、使命和价值观。管理者必须使员工清楚地认识到他们要追求什么，弄清楚为什么追求，知道怎样追求。管理者在组织内推广组织愿景时，必须真实、简单地描绘组织愿景，同时还应该身先士卒，自己首先奉献于这个愿景，并不刻意要求下属的完全认同，留给下属一定的空间，让其自由选择。

作为我们个人，要学会把焦点放在全过程追求的目标上，而不是仅仅放在次要的目标上，这样的能力是"自我超越"的动力。人在做自己真正想做的事情时，就会精神奕奕，信心百倍。即使遭遇挫折，也还是能坚韧不拔，在心底里认为这是自己份内的应该做的事，觉得非常值得做，意愿非常强大，效率自然也能提高很多。

虽然我们每个人都有自己的愿景，但在很多情况下，大家对自己的愿景往往是模糊的或者是误解的，这样往往会造成行动的盲目。因此，对每个人来说，理清个人的愿景比建立个人的愿景更为关键。

下面的三个步骤可以帮助我们理清自己的愿景：

1. 尽情想象实现愿景后的情景

假如我们得到了深深渴望获得的成果，那么这种情景到底是什么样子，我们怎样来描绘它呢？我们的感觉又是怎样的呢？这种感觉是不是我们真正想要的呢？

2. 描绘个人愿景

想象我们正在达成自己一生最热切渴望达成的愿望，这些愿望会是什么样子。请我们回顾在自己的孩童时代、大学毕业时、参加工作后以及娶妻生子后的个人愿景，其中哪些愿景已经实现了，哪些还没有实现，具体原因又是什么呢？这些愿望包括自我形象、有形和无形的财产、感情生活、个人健康、人际关系、工作等。

3. 检验并弄清楚个人愿景

分步检视我们写下来的个人愿景所组成的清单和每个画面，从而找出最接近我们内心深处的层面。如果我们现在就可以实现愿景，我们是否会心安理得地接受吗？假定我们现在就实现了愿景，这个愿景能为我们带来什么呢？我们接受了它，我们的感受又是怎样的呢？

通过上面的三个步骤，我们逐渐理清了自己的愿景，同时还要结合组织愿景，不断完善个人愿景，努力实现未来。

我们要用精神力勾勒美好的未来，坚持有意义的、乐观向上的生活，愉快开心地工作，我们定当志存高远！

明确当前最渴望的对象

有人曾做过这样一个实验，把许许多多的毛毛虫放在一个大花盆的边上，让它们首尾相接，排成一个大大的圆形。这些毛毛虫开始运动了，像一个长长的游行队伍，既没有头，也没有尾。研究者在毛毛虫队伍旁边摆了一些它们爱吃的食物，但是这些毛毛虫要想得到美食就只能解散队伍，就不再一条接一条地继续前进了。

研究者预料，毛毛虫会很快就厌倦这种毫无用处的爬行，而齐刷刷地转向食物，但是毛毛虫却没有这样做。它们沿着花盆边以同样的速度又游行了七天七夜，一直走到饿死为止。

这些毛毛虫遵循着它们固有的本能、老习惯、老传统、老经验。它们的付出的确很多，但是仍然毫无成果。不少失败者就跟这些毛毛虫差不多，他们总是自以为忙碌就是成就，干活本身就是成功。其实，在这个社会上，重要的是如何才能事半功倍。

有一位父亲带着自己的三个孩子，要到沙漠去猎杀骆驼。

终有一日，他们到达了目的地。

父亲问老大："你到现在都看到了什么呢？"

老大不假思索地回答："我看到了猎枪、骆驼，还有那一望无际的大沙漠。"

父亲摇了摇头说："不对。"

父亲用相同的问题又问老二。老二脱口而出："我看到了爸爸、大哥和弟弟，猎枪和骆驼，还有那一望无际的大沙漠。"

父亲又摇了摇头说："不对。"

父亲又以相同的问题问老三。老三斩钉截铁地说："我只看到了骆驼。"

父亲这才高兴地点点头说："答对了。"

一个人若想实现理想，走上成功之路，首先必须要有明确的目标。我们的目标一经确立，就要心无旁骛，去除一切私心杂念，集中全部精力，一心一意，勇往直前。

"三组人徒步奔向目的地的试验"，这是一个心理学家组织的实验。

第一组的人不知道目的地是哪个村庄，也不知道道路到底有多远，只是有向导。刚走出两三千米，就开始有人叫苦不迭；走到一半的时候，有人几乎要愤怒，要崩溃了，他们有的抱怨，有的根本就不愿再走了；越到后来，他们的情绪就越是低落。

第二组的人既知道村庄的名字，又知道路程有多远，但路边没有路程标记，大家只能凭经验大致估算行程的时间和距离。走到大约一半的时候，大多数人想知道究竟已经走了多远，经验比较丰富的人说："大概走了一半的路程。"于是，大家又簇拥着继续前行。当行至全程的四分之三的时候，大家的情绪又逐渐低落，甚至觉得疲惫不堪，而路程似乎还有很长。当有人鼓劲说："快到了！""快到了！"大家又振作起来，加快了行进的步伐。

第三组的人既知道村子的名字和要走的路程，而且公路旁还有里程标记。大家边走边看里程碑，每看到一个新的里程碑就有一个小小的快乐。一路上充满欢声笑语，情绪一直很高涨，基本上没有人叫苦叫累，所以很快就到达了目的地。

于是，心理学家得出了这样的结论：当我们的行动有了明确具体的目标的时候，就能把实际行动与确定的目标不断地进行对照，从而比较清楚地知道自己的行进速度与目标之间的距离，我们行动的动机就会得到一定程度地维持和加强，就会自觉地克服一切困难，努力到达目标。

目标有助于我们提高工作效率和工作的积极性，应切实避免有付出却没有回报的情况的继续发生。所以，一项活动要产生较好的效果，就一定要明确一个目标，也就是说，成功的尺度不是做了多少具体的工作，而是做出了多少成果。

明确目标的意义如此非凡，那么应该怎样明确我们的目标呢？人活着就是为了让自己的生活更快乐、更幸福，而幸福的生活则需要我们自己努力来争取的。为了追求自己的幸福生活，我们就有了为之奋斗的欲望，为了人生的奋斗目标最大程度地得到实现，我们必须努力工作，在工作中自己寻找乐趣，让单调乏味的工作充满乐趣，使自己无忧无虑、心怀志向，生活和平而安逸，快快乐乐地过好每一天。

如果没有坚强的斗志、必胜的信心、坚强的毅力，我们就可能遭遇世间的种种磨难而艰难生存。因此，为了使自己的生活更幸福，追求更高的生活质量，我们必须树立人生的奋斗目标，尽自己最大的努力孜孜不倦、知难而进地努力实现这个目标。

从某种意义上说，人的行为往往分为两大动机：

第一是为了人生的成功，为了伟大的事业；第二是为了甜蜜的爱情，为了伴侣的开心。年轻人如果在年轻的时候立志追逐伟大而放弃爱情，或者更准确地说不陷于儿女私情，而重视事业和成功，那么他的人生将是比较完美的和令人羡慕的。反之，就会走向平庸、低俗和琐碎，甚至是悲哀的人生。

生活经验告诉我们：先苦后甜、先难后易、先慢后快也好，日积月累、苦尽甘来、厚积薄发也好，这都是生存的智慧和成功的经验。而那些在年轻的时候，沉迷于嬉戏玩耍和谈情说爱的生活，则是与成功、幸福的人生背道而驰的，不值得称道。

我们的一生必须要有一个明确的目标和方向。正是这个目标与方向才能引导我们走完一生，它是驱使我们的人生不断向前迈进的原动力。如果一个人的心中没有明确的目标，那就会虚耗精力与生命，就好像一个没有方向盘的超级跑车，即使拥有最强有力的引擎，最终也只能是一堆废铁，根本起不到任何作用。